AF578926

FAITS

POUR SERVIR A L'HISTOIRE

DES MONTAGNES DE L'OISANS.

PAR M. L. ÉLIE DE BEAUMONT,
Ingénieur en chef des Mines.

(Extrait des *Annales des Mines*, 3 . *Série, tome V.*)

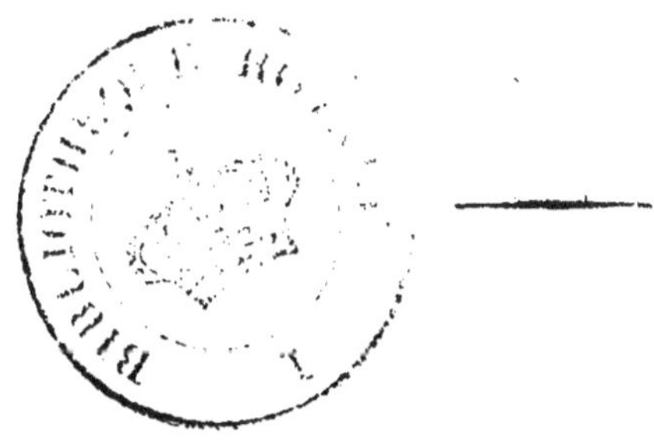

A PARIS,
CHEZ CARILIAN-GOEURY, LIBRAIRE
DES CORPS ROYAUX DES PONTS ET CHAUSSÉES ET DES MINES,
QUAI DES AUGUSTINS, N°. 41.

1834.

PARIS.—IMPRIMERIE ET FONDERIE DE PAIN, RUE RACINE, Nº. 4,
Place de l'Odéon.

FAITS

Pour servir à l'histoire des Montagnes de l'Oisans (1).

Recueillis

Par M. L. ÉLIE DE BEAUMONT, ingénieur en chef des mines.

Le nom d'*Oisans* s'applique spécialement à l'ensemble des versans de montagnes dont les eaux affluent dans la Romanche, au-dessus de Vizille; mais un travail géologique sur cette contrée doit nécessairement s'étendre aussi aux versans opposés des mêmes montagnes. Dans cette acception géologique générale, le mot *Oisans* s'applique à plusieurs massifs de montagnes assez distincts, tant par leur disposition physique que par leur composition minéralogique.

Le premier de ces massifs est l'extrémité sud-ouest de la rangée des cimes primitives, qui, de la pointe d'Ornex et du Mont-Blanc, s'étend jusqu'à la montagne de Taillefer, à l'ouest du bourg

(1) Ce mémoire n'est pas une simple réimpression de celui que j'ai lu, sous le même titre, *à la Société philomatique*, le 7 mars 1829, , et qui a été imprimé quelques semaines plus tard dans le tome Ve. des mémoires de la Société d'histoire naturelle de Paris.

Ayant visité de nouveau, différens points des montagnes de l'Oisans, en 1830, avec MM. Brochant de Villiers et Dufrénoy, j'y ai recueilli quelques faits nouveaux que j'ai introduits dans cette nouvelle édition. Ces faits viennent tous à l'appui de ce que j'avais fait connaître dans la première; mais je regarde surtout comme une addition importante de pouvoir annoncer que les yeux exercés des deux observateurs que je viens de citer, ont constaté l'exactitude de plusieurs des observations les plus

d'Oisans, et même jusqu'aux cimes plus basses qui dominent le Valbonnais et Entraigues.

Le second massif est une sorte de rameau du premier, auquel il paraît se rattacher souterrainement, quoiqu'il en soit séparé à la surface par les dépôts secondaires qui forment le col de Glandon : il se dirige de ce col vers les cimes élevées, connues sous le nom de *Montagnes des Grandes Rousses*, qui sont situées à l'est du bourg d'Oisans et d'Huez, et va se terminer, en s'abaissant rapidement, sur les bords de la Romanche, en dessous de Mont-de-Lans.

Le troisième massif, qui formera seul le sujet

---

singulières consignées dans la première édition, et de toutes celles que j'ai ajoutées dans celle-ci.

Des circonstances de librairie se sont opposées jusqu'ici à ce que le tome V[e]. des mémoires de la Société d'histoire naturelle de Paris soit livré au public, et il n'a été publié de la première édition de mon mémoire que cinquante exemplaires tirés à part, dont j'ai fait hommage à divers savans à la fin du printemps de 1829. Cette publication incomplète a cependant suffi pour constater authentiquement la date de mon travail, attendu que plusieurs des coupes que j'y avais données ont été reproduites dans l'ouvrage intitulé : *Sections and Views illustrative of geological phenomena*, publié à Londres en 1830, par M. de La Bèche, dans le *geological manual*, du même auteur, et dans les *Principles of geology* de M. Lyell, et qu'elles ont été citées dans le *Traité de géognosie* de M. Walchner (Carlsrhue, 1832), dans le *Traité de géologie*, de M. Bakewell (Londres, 1833), etc.

Des ob[illegible]ervations fort analogues à celles que M. de La Bèche a bien voulu extraire de mon mémoire, ont été [illegible] par MM. Hugi et Studer, dans les Alpes ber-[illegible] et publiées par le p[illegible]emier de ces géologues [illegible] *[illegible]-historische alpen reise, von F.-J. Hugi, Sol[illegible]ure*, 18[illegible]0), et par le second quelque temps après.

Les rapports que ces mêmes observations présentent, avec celles faites en 1807 et 1808 sur la syénite zirconienne de cet article, se présente détaché en avant des extrémités des deux premiers, et sépare le bassin de la Romanche du bassin de la Durance et des sources du Drac. Sa cime la plus élevée, la pointe des Arsines ou des Ecrins, qui forme le point culminant du mont *Pelvoux*, situé entre Val-Louise et Saint-Christophe s'élève, d'après MM. Durand et Leclerc, qui ont été chargés de faire, dans cette contrée, la grande triangulation qui doit servir de base à la nouvelle carte de France, à 4.105m,1 au-dessus du niveau de la mer. C'est le point le plus élevé de France.

Considéré en grand, et abstraction faite des ramifications sinueuses de montagnes primitives

---

des environs de Christiania par M. Léopold de Buch, sont tellement évidens, qu'il m'a paru inutile de m'y arrêter; cette partie de mes observations est aussi fort analogue à celles faites avant moi, par M. de Buch et par M. Marzari Pencati, sur le gisement du granite de la vallée de Fiemme en Tyrol; et elles ont en outre des relations plus ou moins directes avec d'autres encore, que plusieurs géologues ont faites dans différentes contrées, et particulièrement avec certains faits que M. Dufrénoy a observés dans les Pyrénées, et auxquels il a consacré plusieurs mémoires.

J'avais consigné, dans une note jointe à la première édition de ce travail, des aperçus généraux auxquels j'ai commencé depuis lors à donner ailleurs de nouveaux développemens, que j'espère être dans le cas d'étendre encore dans la suite. J'ai cru, d'après cela, qu'il serait superflu de reproduire aujourd'hui cette note; mais j'ai introduit dans cette seconde édition quelques remarques qui la mettent en rapport avec le mémoire que nous avons publié récemment, M. Dufrénoy et moi, sur les *groupes du Cantal et du Mont-Dore, et sur les soulèvemens auxquels ces montagnes doivent leur relief actuel.* (Voyez *Annales des Mines*, *T. III*, *p.* 531.)

Paris, 30 *décembre* 1833.

comparativement peu élevées, qui le rattachent aux deux groupes précédens, le massif de roches primitives que domine le mont Pelvoux est à peu près circulaire.

Considéré dans ses détails, il se compose de la réunion d'un certain nombre de masses granitiques irrégulières, sur lesquelles s'appuie une écorce fracturée de gneiss. Nous verrons plus loin que ces différentes masses granitiques, rangées suivant une portion de cercle et se touchant par leur base, présentent un ensemble d'une certaine régularité. Mais, avant de parler des rapports des roches entre elles, je vais commencer par décrire ces roches elles-mêmes.

Ire. Partie.—*Description des roches.*

La roche granitoïde qui forme les masses centrales des montagnes dont je m'occupe ici, est un granite talqueux ou protogine dans lequel le quartz en grains amorphes, translucides, grisâtres, est généralement très-abondant.

On y distingue presque constamment deux espèces de feldspath, qui diffèrent par leur couleur et par leur état cristallin. L'un d'un blanc verdâtre, passant au vert, est presque compacte ou faiblement lamelleux; l'autre blanc, rose ou d'un rouge violacé, est toujours assez bien cristallisé, et forme souvent des cristaux isolés plus ou moins gros qui donnent à la masse une disposition porphyroïde. Les variétés de feldspath roses ou rouges se trouvent principalement dans les hautes montagnes situées entre la Bérarde (1) et les vallées

(1) Pour toutes les localités citées dans ce mémoire, voyez la carte du Haut-Dauphiné, par le général Bourcet. Elle se vend à Paris, chez Piquet.

de Val-Louise et du Monestier. Un granite à feldspath rose, très-bien cristallisé, est amené par les glaciers et les torrens des différens vallons qui viennent du côté de l'est, tomber dans le vallon de Conte-Faviel, au-dessus de la Bérarde, et particulièrement par le vallon de la Tempe, qui prend naissance au pied du Grand-Pelvoux. Les torrens d'Entraigues et de l'Alefroide, qui se réunissent à Val-Louise, amènent un grand nombre de blocs d'une protogine porphyroïde, composée de talc verdâtre, de quartz, d'un feldspath verdâtre, à peine lamelleux, et d'un feldspath d'un rouge violacé, en gros cristaux très-lamelleux. Le torrent qui descend des glaciers du Monestier, amène des blocs d'une protogine toute pareille, dans laquelle seulement la teinte rouge des cristaux de feldspath tire davantage sur le carmin. On voit une roche analogue former une masse de peu d'étendue dans le gneiss talqueux, sur le bord de la Romanche, près du pont de Sainte-Guilherme, à l'entrée de la gorge dans laquelle coule ce torrent avant d'entrer dans la vallée du bourg d'Oisans. Le drac de Champoléon roule aussi une roche pareille. Près du pied de Lautaret, j'ai trouvé un bloc d'une roche granitoïde, amenée des hautes montagnes où la Romanche prend naissance, qui diffère de celle dont je viens de parler, parce que la nuance de rouge des cristaux de feldspath se rapproche davantage d'une couleur écarlate pâle, et parce qu'elle contient en même temps des cristaux de feldspath blanc, sans cesser de contenir aussi un feldspath verdâtre à peine lamelleux. Cette protogine forme donc un passage ou plutôt un lien commun entre la protogine à cristaux de feldspath rougeâtre dont j'ai parlé ci-dessus, et celle à cristaux de feldspath blanc dont j'ai maintenant à m'occuper.

Cette dernière variété est encore plus répandue que la précédente; elle forme presque seule les montagnes dans lesquelles est creusée la vallée du Vénéon, au-dessus du hameau de Chaufrant. Plusieurs échantillons de cette roche que j'ai recueillis, ne peuvent se distinguer des échantillons de protogine que j'ai pris dans le lit du torrent qui descend du Mont-Blanc dans l'Allée-Blanche, entre le glacier du Miage et celui de la Brenva. Le quartz est sujet à y manquer presque entièrement. Quelquefois le grain de la roche devient assez petit, elle présente alors fréquemment une disposition schisteuse, et semble passer au gneiss. Cette manière d'être est peut-être particulière aux parties extérieures des masses granitoïdes. A l'est de l'extrémité inférieure du glacier de la Condamine (au-dessus du hameau de la Bérarde), on voit une masse d'une roche feldspathique, verdâtre, quartzifère, dont les parties exposées à l'air deviennent d'un jaune de rouille foncé; je n'ai pu m'assurer si elle forme une masse irrégulière ou un filon dans le granite. J'ai plusieurs fois remarqué dans le granite du reste de la même vallée, des masses à très-petits grains, empâtées dans la variété la plus commune du granite dont elles ne paraissent différer que par la petitesse du grain, jointe à la moins grande abondance du feldspath de la variété la plus cristalline.

Ce même granite, dans lequel le feldspath le plus cristallin est blanc, constitue aussi le col de la Pisse, par lequel on peut aller, en été, de

Saint-Cristophe au Désert en Val-Joufrey, et les cimes voisines de ce col. Le grain en est variable, et le granite à petits grains forme fréquemment des filons très-nettement terminés dans celui du grain le plus ordinaire. Des filons d'un feldspath compacte vert, contenant des pyrites, traversent aussi ce même granite. Dans ces hautes montagnes le granite ne présente pas de stratification, mais une sorte de clivage ou de division plus facile suivant des surfaces courbes parallèles aux surfaces extérieures des masses, en même temps qu'une division prismatique produite par des fentes sensiblement verticales. Lorsque le premier mode de division prédomine, le granite offre de grandes surfaces arrondies; mais quand les deux modes de divisions se combinent l'un avec l'autre, ils produisent une division en obélisques irréguliers des formes les plus âpres et les plus bizarres, présentant souvent des parties en surplomb semblables à d'énormes pierres d'attente, au-dessous desquelles le voyageur peut s'avancer sans courir aucun danger, mais non sans une sorte de respect pour la grandeur des actions mécaniques qui ont ainsi façonné ces masses imposantes et hardies.

Le gneiss est beaucoup moins abondant que le granite dans l'intérieur du groupe de montagnes dont je m'occupe. En remontant de Saint-Christophe vers les étages, on voit en quelques points le granite passer à un gneiss, le plus souvent talqueux, mais qui en quelques points contient du mica noir plus abondamment que du talc. Les environs du village de Saint-Christophe sont formés de gneiss en couches peu éloignées de la verticale, et dirigées à peu près au nord magnétique. Toute la partie inférieure du vallon de la Mouvane qui débouche un peu au-dessus de Saint-Christophe dans la vallée du Vénéon, est aussi composée de gneiss. Les couches de cette roche paraissent partout en appui sur des masses granitoïdes. Près de Chaufrant, le gneiss devient presque compacte et passe ainsi à une sorte de schiste argileux vert.

Les torrens et les glaciers qui, du pied du mont Pelvoux et des cimes voisines, viennent tomber dans le vallon de Conte-Faviel, au-dessus de la Bérarde, y amènent des blocs de gneiss, et de cette roche amphibolique schisteuse qui dans toute la partie occidentale des Alpes se montre si fréquemment associée au gneiss talqueux.

Le gneiss qui se montre moins fréquemment que la protogine dans l'intérieur de l'enceinte que présentent les montagnes dont je m'occupe, domine au contraire sur leur pourtour extérieur. La Combe de Malval, gorge que traverse la Romanche, entre la Grave et le Dauphin, et qui est célèbre par la grandeur et la nudité des rochers qui la bordent, et qui forment l'extrémité nord du groupe primitif, ne présente guères à la vue que du gneiss talqueux, très-feldspathique. Ce gneiss prend quelquefois une texture granitoïde sans perdre entièrement sa disposition schisteuse, et souvent il est coupé dans diverses directions par des petits filons à bords très-nets, d'une protogine à petits grains, qui empâte elle-même des fragmens anguleux de gneiss. Ces petits filons se fondent quelquefois l'un dans l'autre, lorsqu'ils se rencontrent, et d'autres fois ils se coupent et se rejettent. Le même gneiss contient souvent des couches d'une roche amphibolique schisteuse, éminemment sujette à être traversée par de petits filons plus feldspathiques que leurs parois, et qui souvent s'entrecroisent de manière à donner à des blocs entiers l'aspect d'une brèche. Le même gneiss, présentant les mêmes passages, constitue les pentes extérieures des montagnes primitives du côté du Lauzet, du Monestier et de Val-Louise. Le fond du vallon de Beauvoisin, qui conduit d'Entraigues et de Val-Louise au col du Haut-Martin et à Champoléon, est creusé dans un gneiss dont l'élément foliacé est vert, et paraît devoir être rapporté au talc plutôt qu'au mica. Ce gneiss passe à un schiste feldspathique vert, presque compacte, et a de grands rapports avec le gneiss, qui constitue le petit groupe primitif du Mont-Viso.

Le torrent qui descend à Entraigues, des montagnes situées entre ce village et celui de la Bérarde, roule principalement, comme je l'ai dit plus haut, du granite talqueux à feldspath verdâtre, presque compacte, à cristaux souvent très-gros de feldspath d'un rouge violacé; mais on y trouve aussi du granite dont tout le feldspath est blanc ou blanchâtre, qui passe au gneiss en présentant des plans de division à peu près parallèles et couverts d'un enduit vert et luisant. Il est accompagné d'un gneiss à feldspath très-cristallin, à surfaces de séparations luisantes et contournées, quelquefois tellement tourmentées, que la roche devient bréchiforme. On y rencontre en même temps une roche amphibolique schisteuse et une roche schisteuse verte, avec mica noir disséminé. Les torrens qui tombent de part et d'autre d'Entraigues amènent un granite mal cristallisé, à élément foliacé vert, passant au gneiss tourmenté.

Les montagnes de gneiss de l'Oisans, presque toujours nues et noires, sont déchiquetées d'une manière particulière; elles présentent souvent des pyramides groupées les unes au pied des autres, sur le flanc d'une pyramide principale.

Lorsqu'on les aperçoit du côté vers lequel plonge la stratification ou le clivage du gneiss, ces pyramides présentent chacune une série de sillons partant d'un même point, qui est le sommet.

Le schiste talqueux proprement dit, tel qu'on le voit par exemple à Allevard (Isère) et à Beaufort (Savoie), ne paraît pas se montrer dans le groupe de montagnes dont je parle ici; mais on le rencontre lorsqu'on s'en éloigne, en descendant le Val-Joufrey; il constitue les deux flancs de cette vallée presque dans toute sa longueur. Il paraît que le schiste talqueux est une roche moins voisine de la protogine que le gneiss talqueux, dans l'ordre de la superposition, aussi bien que dans sa composition.

Les diverses variétés de protogine et le gneiss de l'Oisans présentent très-fréquemment de petits filons d'épidote, contenant très-souvent en même temps du quartz, de l'albite et de la chlorite. Ces petits filons se lient à ces gîtes de minéraux cristallisés très-variés, qui ont rendu l'Oisans célèbre parmi les personnes qui s'occupent de recueillir des minéraux, et qui ont fourni un si grand nombre d'échantillons à toutes les collections minéralogiques de l'Europe.

Au-dessous de la Grave, à l'entrée de la Combe de Malval, on exploite un filon de quartz et de galène, nommé filon de Pissenoire, qui se montre dans les rochers escarpés qui s'élèvent sur la rive droite de la Romanche. Ce filon (je ne parle que du filon principal) est dirigé au Nord 40° Ouest, et plonge un peu au Sud-Ouest.

Il coupe nettement les feuillets du gneiss ; cependant, étant monté avec mon collègue M. Fénéon dans les travaux supérieurs, j'y ai remarqué que les feuillets de la roche changent de direction en approchant du filon, de manière à lui devenir beaucoup moins obliques qu'ils ne le sont à une plus grande distance.

Après avoir fait connaître la nature des masses minérales dont sont composées les hautes montagnes qui s'élèvent sur les confins des départemens de l'Isère et des Hautes-Alpes, entre Saint-Christophe et Val-Louise, je vais essayer de donner une idée de leur structure générale; je parlerai ensuite de quelques accidens particuliers qui s'y font remarquer.

IIe. Partie. — *Structure générale du groupe de montagnes qui entoure circulairement le hameau de la Bérarde.*

Arriver à Saint-Christophe et à la Bérarde par un chemin autre que celui qui remonte le long du torrent du Vénéon, est une entreprise assez difficile, même pendant les jours les plus favorables d'un bel été. Les cimes et les crêtes les plus élevées du groupe de montagnes dont je m'occupe dans ce mémoire, forment un cirque rocheux qui entoure presque circulairement le hameau de la Bérarde. A l'exception de l'ouverture par laquelle les eaux du Vénéon s'écoulent vers le bourg d'Oisans, ce cirque ne présente que des échancrures très-élevées, et qui sont même en petit nombre. On peut citer le col de la Pisse, qui conduit au désert du Val-Joufrey, le col de la Muande et le col de Saïs, qui conduisent dans le Val-Godemard, et quelques passages qui conduisent vers Val-Louise et le Monestier de Briançon, et par lesquels il y a un petit nombre d'exemples que des bergers et des chasseurs ont réussi à passer.

Il y a notamment un passage qui conduit du pied du Lautaret à la Bérarde par le vallon de Larp, d'où sort une des sources de la Romanche. On monte sur le glacier qui descend au nord-nord-est vers Larp, et, après avoir cheminé sur ce glacier pendant quelque temps, on arrive sur des rochers découverts au milieu desquels on descend vers la Bérarde.

Les seules circonstances de ce trajet montrent que le sol du passage présente un profil escarpé du côté de la Bérarde, c'est-à-dire vers l'intérieur du cirque, et assez faiblement incliné vers l'extérieur pour que les neiges puissent s'y amonceler. Cette disposition n'est pas un simple cas particulier. Elle se reproduit plus ou moins dans toutes les parties du cirque. Si on songeait à monter sur quelques points de la crête, ce ne serait en général qu'en partant de l'extérieur qu'on pourrait le tenter, parce qu'en partant de l'intérieur on se trouverait bientôt au pied d'escarpemens verticaux qu'on ne pourrait franchir.

Si, partant du pied extérieur de la masse primitive circulaire, on traverse la vallée de la Romanche qui la circonscrit au nord, ou celle de la Guisane qui la circonscrit à l'est, et qu'on s'élève sur les pentes qui lui font face, ou mieux encore sur les cimes qui terminent ces pentes, on voit que cette coupe escarpée vers l'intérieur, et plus ou moins régulièrement inclinée vers l'extérieur, est le trait caractéristique du profil de presque toutes les parties de cette enceinte circulaire qui sépare du reste du monde le triste réduit de la Bérarde.

Du col des Berches situé au Maurienne au nord-nord-ouest de notre massif primitif et des pentes des montagnes calcaires et schisteuses qui s'élèvent vers le bec de Gramer et l'aiguille de Goléon, l'œil est ébloui par les vastes champs de neiges qui couvrent le versant nord du cirque, depuis la pointe haute du grand glacier jusqu'à l'aiguille du midi de la Grave, et dont les extrémités pendent en glaciers dans la combe de Malaval. Un petit nombre de pointes rocheuses presque noires, interrompent seules l'uniformité de cette surface inclinée vers le nord d'une manière presque uniforme.

On saisit mieux encore cette disposition de la pente méridionale des montagnes des grandes Rousses, situées à l'ouest du col des Berches, entre la Maurienne et le Dauphiné. La *Pl. I*re., *fig.* 1, offre un croquis de l'aspect que présente de ce côté le groupe dont la Bérarde occupe le centre. Je le dois à l'amitié de l'un des fils de l'homme laborieux et modeste, qui, en ouvrant à travers les Alpes les routes sans modèle du Mont-Cenis, du mont Genèvre et du Lautaret, a élevé l'un des trophées les plus durables de la bataille de Marengo. M. Dausse le fils a pris ce croquis des pentes qui s'élèvent au-dessus des granges d'Huez, au nord du village de ce nom, dans un moment où, dérobant quelques jours à ses propres travaux d'ingénieur, il recueillait les élémens d'un mémoire sur la structure des grandes Rousses.

On aperçoit sur ce dessin la plupart des cimes dont je vais parler ci-après; mais elles y sont figurées dans une direction différente de celle suivant laquelle j'aurai principalement à les considérer.

On y a indiqué la position de la Bérarde, en figurant par une ligne ponctuée, une verticale supposée élevée au centre de ce hameau. Un peu à gauche, on aperçoit dans le lointain la pointe du massif du Grand-Pelvoux (pointe des Arcines ou des Ecrins), la plus élevée de tout le groupe(4.105m,1). Plus à gauche la montagne d'Oursine, et plus à gauche encore, sur le côté du dessin, la cime, en forme de crête de coq, de l'aiguille du midi de la Grave, dite la Meidje, qui s'élève à 3.985m,6. Ses pointes granitiques sont flanquées, sur la gauche, d'un talus de gneiss qui s'abaisse rapidement vers le nord.

De la cime des rochers feldspathiques qui, au nord-est du Lauzet, dominent le col du Chardonet et la mine de graphite qui l'avoisine, on voit l'aiguille du midi dans une direction presque diamétralement oppoée, et elle y présente, en sens inverse, un profil à peu près semblable. Plus au sud-est, une autre pointe qui n'est guères moins élevée, la montagne d'Oursine, située entre Arcine et les Etages, se dessine comme un prisme triangulaire vertical, tronqué par un plan reposant sur la face qui regarde le nord-nord-est ou l'extérieur du groupe. Cette troncature, inclinée au nord-nord-est, est couverte de neige. Les deux faces les plus élevées du prisme, celles qui regardent l'ouest et le sud-est, présentent la roche à nu. L'arête sud-ouest de ce prisme colossal est très-droite et verticale. Plus à gauche, au sud de la montagne dont je viens de parler, on voit une autre pointe moins haute, dont le profil est représenté *Pl. Ire. fig.* 7. Elle est de même coupée à pic vers la Bérarde, et tronquée par un plan qui s'incline vers l'extérieur.

Des pentes qui dominent au nord-est le village

du Monestier de Briançon, on distingue les principaux traits de la forme de la montagne d'Oursine; et à sa gauche on aperçoit une autre pointe moins haute et beaucoup plus aiguë, dont la *fig*. 6 représente le profil; elle s'appelle *Pointe-des-Verges*, nom qui indique l'existence d'un groupe d'aiguilles semblables que les habitans ont comparé à un groupe de perches verticales. On voit en effet de quelques autres points les aiguilles accompagnantes, mais du point où nous sommes, on ne distingue bien que la plus élevée. L'arête *a* la plus droite et la plus exactement verticale de cette pyramide aiguë est tournée du côté de la Bérarde, c'est-à-dire vers l'intérieur du grand cirque. A en juger par comparaison avec les aiguilles voisines du col de la Pisse, que j'ai pu observer de près, cet obélisque, à côté duquel ceux de Louqsor seraient à peine aperçus, doit être de granite, et il doit en être de même des faces verticales de la montagne d'Oursine.

En arrière, et au nord-est de cette dernière, les montagnes qui s'abaissent vers Arcine sont formées de gneiss, dont les grandes assises, presque planes, s'inclinent au nord-est, c'est-à-dire, vers l'extérieur, sous un angle d'environ 30°; voyez *Pl. Ire*., *fig*. 4. Cette même disposition s'observe également dans la pointe de Combeiron, grande masse de gneiss séparée du massif principal par le col d'Arcine. La *fig*. 3 donne le profil de cette dernière tel qu'il se présente vu des montagnes qui dominent le Monestier au nord-est.

Le gneiss en grandes assises planes de la montagne des Agniaux, dont les couches se dessinent si bien dans les escarpemens que surmonte le beau glacier du Monestier, se relève de même avec la plus grande régularité vers le centre du massif, ainsi que le montre la *fig.* 8. Cette montagne présente une série de grandes écailles de gneiss, qui sortent l'une de dessous l'autre, et qui toutes ensemble sortent de dessous les assises du système à nummulites, relevé dans le même sens et avec la même régularité. Il est donc probable que ces belles couches de gneiss, aussi planes que celles du Mont-Rose, ont été jadis horizontales comme les couches évidemment sédimenteuses qui s'appuient sur leur extrémité, et que leur position inclinée actuelle est l'effet d'un soulèvement postérieur au dépôt de la craie.

Des pentes qui dominent le village du Monestier le Grand-Pelvoux, quoique plus élevé que tout ce qui l'entoure, paraît moins haut que la montagne d'Oursine, parce qu'il est plus éloigné. Il présente de même à sa partie supérieure un talus incliné vers l'extérieur et couvert d'un glacier. Le massif du mont Pelvoux n'est pas complètement inaccessible. Récemment encore, les ingénieurs chargés d'exécuter dans ces contrées la grande triangulation qui doit servir de base à la nouvelle carte de France (MM. Durand et Leclerc), ont réussi à gravir la cime à laquelle s'applique proprement le nom de Grand-Pelvoux. Ils y ont construit une pyramide en pierre, et y ont installé leurs instrumens à 3,933^{m}.97 au-dessus de la mer. C'est du côté de l'extérieur, en partant de Val-Louise qu'ils y sont montés. Du côté de l'intérieur ou de la Bérarde, on rencontre des escarpemens verticaux. De cette première cime, ils en ont reconnu une autre plus élevée, située à environ 3.000^{m}. au nord-ouest, c'est-à-dire dans la direction de la Bérarde. Cette dernière qui s'élève, d'après leurs mesures, à 4.105^{m},1 au-dessus de la mer, est sans doute la même que MM. Carlini et Plana avaient mesurée, sous le nom de Grand-Pelvoux, et à laquelle ils avaient trouvé 4.100^{m}. de hauteur. Cette cime, qui s'appelle la *Pointe-des-Arcines* ou des *Ecrins*, peut en effet être considérée comme faisant partie du massif du Grand-Pelvoux, et comme en formant le point culminant. On voit par ce résultat que ce massif, comme presque tous les segmens du cirque rocheux, dont la Bérarde occupe le centre, présente en masse un profil incliné vers l'extérieur.

Lorsqu'on monte sur les pointes des roches feldspathiques et serpentineuses qui constituent les cimes du mont Genèvre, à l'est de Briançon, on cesse de voir le mont-Pelvoux de profil : on se trouve précisément en arrière de lui. Il se projette alors comme une large pyramide isocèle, et la face qu'il présente est couverte d'un glacier qui descend vers le spectateur. Il occupe à peu près le milieu du profil de tout le massif primitif qu'il domine en entier. De part et d'autre, les autres cimes qui lui forment une sorte de cortége, présentent une symétrie des plus remarquables. Presque toutes sont coupées à pic du côté qui le regarde, et présentent un talus du côté opposé. Cette disposition s'observe très-bien sur la gauche, vers la partie supérieure du vallon de Beauvoisin, où elle se manifeste à la fois dans le gneiss et dans les couches du système à nummulites (terrain cretacé). Elle s'observe de même sur la droite, et elle ne se remarque pas seulement dans les montagnes qui se projettent le plus loin du centre du massif; on la distingue également bien dans celles qu'on aperçoit obliquement à côté du Grand-Pelvoux, par exemple dans celles qui sont situées entre le Grand-Pelvoux et le col d'Arcine, telles que la montagne d'Oursine, que nous avons déjà considérée sous un autre aspect. On voit parfaitement que cette montagne est coupée à pic au sud-ouest, et présente du côté opposé un plan incliné couvert d'un glacier. A côté, à gauche, entre cette montagne et le Grand-Pelvoux, on voit des pointes plus basses, très-aiguës (les verges), qui rappellent celles du col de la Pisse et qui sont certainement granitiques. La plus considérable de ces pointes est celle que j'ai déjà figurée (*fig.* 6, *Pl. I*re.), vue d'un autre point. On la reconnaît très-bien. L'aiguille du midi de la Grave, qui se projette tout-à-fait à la droite du groupe primitif, offre un profil assez curieux, dont la *fig.* 5, *Pl. I*re., est un croquis. Les crans successifs qu'elle présente paraissent dus à autant de grandes écailles de gneiss qui sortent les unes de dessous les autres. Quant à sa pointe, elle doit être granitique à en juger encore par la comparaison de ses immenses escarpemens presque plans avec ceux que j'ai observés de près au col de la Pisse, ainsi que je l'ai dit précédemment. Ce qu'il y a surtout de bien remarquable, c'est que la partie *ab* ressemble tellement à la partie *ac*, qu'elle semble avoir dû s'en détacher par un mouvement de bascule en s'inclinant vers la gauche, c'est-à-dire vers le vide intérieur du cirque. On croirait voir un immense casse-noisette ouvrant sa gueule gigantesque à 3.986 mètres au-dessus de la mer, et menaçant le ciel de ses deux mâchoires.

Lorsque des cimes du mont Genèvre on promène un œil attentif sur toutes ces écailles de gneiss dont l'ancienne horizontalité est attestée par leur parallélisme général avec les couches de sédiment, qui, ainsi que je l'ai dit plus haut, s'appuyent sur elles en plusieurs points, et lorsqu'on les voit se relever uniformément vers la partie centrale du massif de roches primitives, on peut difficilement se défendre de l'idée d'un soulèvement central auquel ce même massif devrait sa forme et sa hauteur. Mais quoi qu'il en puisse être, le profil de chacune des parties de la grande enceinte circulaire, dont la Bérarde occupe le centre, rappelle complétement celui d'une section qu'on aurait faite dans la paroi du cratère du Vésuve, dans l'état où il se trouvait, par exemple, le 15 février 1829, lorsque M. de La Beche a pris la vue qui forme la *Pl.* 22 de ses *Sections and Views illustrative of geological phenomena*, et comme sans doute le gneiss n'a jamais formé de coulées, on voit ici, par un exemple péremptoire et sur une échelle immense, qu'une disposition cratériforme des plus prononcées n'est pas toujours l'indice de l'ancienne existence d'un cône d'éruption.

Mais revenons à l'exposition des observations relatives à la forme générale de notre groupe de roches primitives.

L'un des points d'où j'ai le mieux saisi la disposition de ces montagnes, est la vallée de la Durance aux environs de Guilestre. Je joins à ce Mémoire, *fig.* 2, *Pl. I*re., une esquisse de l'aspect qu'elles présentent de ce côté.

Le Grand-Pelvoux, désigné par la lettre *a* sur l'esquisse, paraît formé par une grande écaille de gneiss qui sort de dessous les couches à nummulites, dont est formé le fond de la vallée de Val-Louise, et qui, en se relevant vers le nord-est, atteint une hauteur plus grande que toutes les montagnes voisines.

La montagne des Agniaux *b*, formée de gneiss, présente une sorte de clivage ou une disposition stratiforme si prononcée, qu'en la voyant de profil des environs de Vigneaux, j'ai cru pendant quelque temps qu'elle était calcaire; les couches plongent au nord-est. Le côté opposé de cette montagne, du côté du Monestier de Briançon au pied des glaciers du Monestier, présente de même, ainsi que je l'ai dit précédemment, des escarpemens qui, quoique de gneiss, offrent des indices de stratifications aussi marqués et aussi uniformes que s'ils étaient calcaires.

La crête *g*, sur la gauche du dessin, formée d'une suite de dentelures qui se réunissent de proche en proche, paraît être composée de gneiss dont la stratification incline vers la gauche.

Le gneiss que nous venons d'observer formant comme un toit conique sur les flancs extérieurs tournés au nord, à l'est et au sud-est du massif de la Bérarde, présente plusieurs grandes échancrures, dont les plus considérables sont celles qui donnent passage aux torrens de l'Alefroide et d'Entraigues qui se réunissent immédiatement au-dessous du village appelé *Ville de Val-Louise*. A Entraigues, hameau situé au-dessus de Val-Louise, sur le second de ces torrens, les couches de gneiss se relèvent de 45 à 50° vers le nord-est; on les voit sortir de dessous les couches de grès, d'argile schisteuse noire et de calcaire à nummulites de la formation crétacée supérieure.

Lorsqu'on regarde le groupe qui nous occupe des environs de Guilestre, on se trouve précisément en face de cette déchirure dans la ceinture de gneiss, au fond de laquelle est situé le hameau d'Entraigues. Par cette échancrure qui permet à l'œil de pénétrer dans l'intérieur du massif, on aperçoit une montagne *e* (*fig.* 2), située entre Entraigues et la Bérarde, qui se distingue par ses angles vifs, ses formes carrées, et ses anfractuosités à pans verticaux. On croirait voir une immense église gothique légèrement inclinée dans le sens de sa longueur. La forme des dentelures qu'elle présente me rappelait si bien les obélisques et les pyramides de granite que j'ai vus de près au col de la Pisse et que j'ai cités plus haut, que je ne doutai pas que la montagne dont je parle ici ne fût de la même roche aussi bien que les montagnes *f*, *d* et *c* qui l'avoisinent à gauche et à droite, ce qui me fut d'ailleurs confirmé plus tard par des observations positives. Ces diverses masses se rattachent en effet par derrière aux cimes aiguës et dentelées, de formes tout-à-fait analogues, d'où les glaciers amènent les innombrables fragmens de granite à fedspath rose qu'on trouve dans le lit des torrens vers le haut du vallon de Conte-Faviel, au-dessus du hameau de la Bérarde, presque au pied du glacier de La Condamine. Toutes ces pointes se font également remarquer lorsqu'on les examine en détail, avec le secours d'une lunette, par les pans de rocher à peu près ou même exactement verticaux, les fissures verticales et même les *jours* verticaux entre des masses presque contiguës qu'on y aperçoit en grand nombre, tant dans les grands escarpemens terminaux que dans les dentelures des crêtes. Cette disposition est indiquée dans la *fig.* 2, où il a été impossible de la faire sentir sans l'exagérer un peu, ou pour mieux dire sans diminuer le nombre des aiguilles, afin de les rendre plus distinctes.

La plus grande de ces montagnes de granite présente vers la gauche un escarpement presque vertical qui semble correspondre à l'escarpement opposé qu'offre la pointe *f* située à côté et dont il est séparé par une dépression très-profonde. Les deux escarpemens sont à peu près de la même hauteur, et il semble qu'il serait possible de les mettre en contact. Ils se trouvent il est vrai inclinés en sens inverse, et à des hauteurs absolues très-inégales; mais lorsqu'on compare leurs formes et leurs positions relatives, on se défend difficilement de l'idée que tout l'ensemble de ces circonstances tient au mouvement de dislocation qui a donné à ces masses la position que nous leur voyons, et dans lequel les deux faces correspondantes se seraient détachées l'une de l'autre.

Les rapports que présentent ces deux masses sont analogues à ceux que j'ai indiqués ci-dessus entre les deux pointes les plus élevées de la crête de l'aiguille du midi : les nombreuses faces verticales que présentent les masses granitiques de ces montagnes, doivent probablement aussi leur origine au partage de masses dont l'œil ne retrouve pas toujours aussi facilement la seconde moitié. Si des masses pareilles ont été jadis séparées, elles ne peuvent guères l'avoir été que d'un seul coup, et il me semble que ce phénomène, indiqué en trop de points pour n'être pas réel dans un grand nombre, doit être assez embarrassant pour les personnes qui supposent que tous les changemens survenus dans le relief de notre planète ont été occasionés par des tremblemens de terre de la même force que ceux qui arrivent de nos jours. Ces belles et grandes lignes des fractures qui forment le *caractère* des paysages alpins, seront toujours une des pierres d'achoppement des partisans exclusifs des *Actual Causes*.

Ces montagnes de granite découpées en obélisque, et les rapports de position qu'elles présentent avec le manteau déchiré de gneiss qui les environne, se distinguent également bien des cimes du mont Genèvre; mais on les reconnaît même à des distances étonnantes, par exemple du col Longet qui conduit de la vallée de Saint-Veran, près du fort de Queyra, dans le haut de de la vallée de Barcelonette, et même de la cime du mont Pilas en Forez.

Du col Longet on reconnaît parfaitement le Grand-Pelvoux qui paraît blanc à cause du glacier qui le recouvre; à sa droite la montagne d'Oursine, où l'aiguille du midi de la Grave, qui paraît noire parce que les escarpemens en sont nus, et à sa gauche la montagne déchiquetée de granite, semblable à une grande église gothique qu'un tremblement de terre aurait inclinée. De ce col, qui est situé à peu près sur le prolongement d'une ligne tirée de la Bérarde à Guilestre, j'ai dessiné un petit profil de nos montagnes qui se rapporte assez bien à celui de la *fig.* 2, *Pl. I*^re^.; je me trouvais cependant déjà à 5 à 6 myriamètres (13 lieues) de la Bérarde.

Les montagnes de l'Oisans se distinguent aussi très-bien de quelques-unes des collines qui forment, entre Manosque et les Mées, le flanc droit de la vallée de la Durance (distance, 12 myriamètres ou 24 lieues); mais de ce côté on n'en voit guères que les cimes, et par suite les traits les plus saillans de leurs formes se trouvent en partie masqués.

Ces mêmes cimes étant, ainsi que je l'ai déjà dit, les plus hautes des Alpes françaises, et même de toute la partie des Alpes comprise entre le mont Blanc et la Méditerranée, on conçoit que plus on s'en éloigne et moins on doit être gêné pour les voir par l'énorme entassement de montagnes moins élevées dont elles sont environnées de toutes parts. Aussi les aperçoit-on très-bien du mont Pilas (Loire) et du mont Mezenc (Haute-Loire), dominant tout ce qui les entoure. Du Pilas particulièrement, un œil déjà au courant de leur structure en reconnaît les principaux détails avec une netteté surprenante. Placé dans une direction presque diamétralement opposée à celle de Guilestre et du col Longet, on retrouve, par exemple, à la gauche du Grand-Pelvoux, la montagne dentelée de granite figurée en *e*, *fig.* 2, *Pl. I*re. On reconnaît aussi sur la gauche la forme en crête de l'aiguille du midi de la Grave. Ce ne serait pas sans doute d'un observatoire aussi éloigné que leur structure pourrait être étudiée; mais ce genre d'examen sert du moins à vérifier que, dans les observations faites de plus près, on a su se mettre à l'abri des illusions de la perspective, qui cessent d'être possibles lorsqu'on a une reculée de 15 myriamètres ou 30 lieues.

Les observations faites à l'extérieur du groupe sont d'ailleurs susceptibles d'être vérifiées par celles qu'on peut faire, en choisissant des stations d'où l'œil plonge dans le bassin de la Bérarde.

Du col de la Pisse, qui, comme je l'ai déjà dit plus haut, est formé par une échancrure de l'enceinte circulaire, je découvrais une grande partie du pourtour intérieur de ce bassin. De ce point je n'apercevais plus qu'un bien petit nombre de ces vastes champs de neige pendans en glaciers, qui forment le caractère et l'ornement des flancs extérieurs. Le beau glacier de La Condamine et les autres glaciers moins considérables qui descendent vers le vallon de Conte-Faviel, se trouvent à la vérité dans l'intérieur du cirque; mais ils remplissent des anfractuosités très-élevées au pied septentrional de la partie méridionale du contour, et leur existence est due probablement en grande partie à leur exposition. Dans tout le reste du bassin, je n'apercevais que des amas de neige peu étendus remplissant quelques inégalités. Des murailles, des obélisques de granite presque complétement nus, en formaient presque tout le contour, et occupaient la plus grande partie de l'horizon. Seulement au haut de plusieurs des escarpemens les plus élevés, on apercevait la tranche de quelques-uns de ces talus de neige qui s'abaissent vers l'extérieur.

Les montagnes de l'Oisans ne présentent, il faut en convenir, que des beautés géologiques: le voyageur ordinaire n'y trouvera que de belles horreurs. Il y cherchera vainement ces paysages, à la fois gracieux et grandioses, qui l'attirent à si juste titre à Grindelwald et à Chamouny. Le fond des vallées est trop élevé pour que la végétation puisse embellir de son luxe les bases de leurs flancs glacés. Quelques maigres pâturages y cèdent bientôt la place à la neige ou à la roche nue; quelques trembles, quelques frênes clair-semés ombragent presque seuls le vallon de la Bérarde. La Combe de Malaval, et les vallons de Beauvoisin et d'Entraigues, sont entièrement nus. Des bois de Mélèzes mal fournis revêtent, par une rare et mesquine exception, les pentes qui descendent vers le Casset et Val-Louise. Les neiges et les glaciers de ces montagnes sont leur seule décoration, et il faut se donner quelque peine pour atteindre des points d'où on ait une reculée suffisante pour les bien voir. Moins hautes sans doute que le mont Blanc et que la Jung-Frau, les montagnes de l'Oisans paraissent encore bien moins hautes qu'elles ne sont, à cause de l'élévation absolue des vallées, et à cause de leur encaissement, qui ne laisse voir les cimes que d'un petit nombre de points. Il faut essayer d'y monter pour bien se persuader qu'elles sont hautes, et même alors l'œil a quelque peine à se rendre au témoignage des jambes. Il ne trouve pas pour s'étendre et comparer les hauteurs aux distances les vastes développemens de perspective de quelques parties des Alpes, de la Suisse, et de la Savoie. Il ne rencontre que des contours polygonaux, des lignes brusquement brisées, qui donnent à tout l'ensemble un air fragmentaire et petit. Mais aussi quelle instruction pour l'observateur dans ces profils, en deux ou trois temps! Transporté au pied de ces murailles, de ces obélisques, dont chaque face est souvent une fente unique de quelques centaines de mètres de hauteur, quel géologue de cabinet songerait à plaider en leur présence la cause de l'influence exclusive des agens qui opérent sous nos yeux? On voit dans le cours actuel des choses beaucoup d'effets d'une nature à peu près semblable à ceux que nous décrivons ici, mais ils sont beaucoup plus petits et ce n'est que par analogie, en raisonnant du *petit au grand*, qu'on peut s'en servir pour remonter à l'origine de ceux dont nous parlons. Des effets d'une *grandeur égale* n'ont été constatés nulle part depuis le commencement de la période actuelle. En quel point du globe un pareil horizon est-il aujourd'hui en train de se produire (1)?

D'après ce que j'ai pu apercevoir de la position des cimes granitiques, lorsque j'ai parcouru les environs d'Entraigues, de Val-Louise, du Monestier de Briançon, de la Grave et de Saint-Christophe, il m'a paru que les principales de ces masses de granite, toutes jointes entre elles par leur base, sont disposées suivant un arc, équivalent aux quatre cinquièmes de la circonférence d'un cercle, et ayant une de ses extrémités entre Saint-Christophe et la vallon de la Muzelle, et l'autre entre Saint-Christophe et la Combe de Malaval.

Notre groupe de montagnes aurait ainsi son axe granitique recourbé, comme beaucoup de chaînes de montagnes en ligne droite ont leur axe granitique rectiligne. Mais il s'en faut de beaucoup que les roches soient ici disposées symétriquement de part et d'autre de cet axe. Le gneiss qui domine du côté extérieur de la courbe, est rare au contraire du côté de la concavité. D'après ce que j'ai pu remarquer en observant la crête des deux côtés, il m'a paru évident que le gneiss domine sur son penchant extérieur, tandis que le granite domine sur son penchant inté-

---

(1) Malgré l'absence de la plus humble hôtellerie, la Bérarde serait sans doute une des localités les plus dignes de la réunion d'un congrès scientifique. Le congrès camperait sous des tentes sur la moraine du glacier de La Condamine : le tonnerre des pyramides de glace s'éboulant par intervalles les unes sur les autres, saluerait sa présence, et répondrait aux toasts !

rieur, et dans tout l'espace qu'elle embrasse, espace dans lequel le gneiss peu étendu ne m'a paru présenter aucune disposition générale régulière. Il n'en est pas de même sur le penchant extérieur. Là, comme je l'ai indiqué ci-dessus avec quelque détail, on le voit presque constamment plonger vers l'extérieur pour s'enfoncer sous les masses secondaires qui entourent le groupe primitif. On donnerait une idée assez exacte de la disposition des roches sur presque tout le pourtour du système, en disant que, pris dans son ensemble, il présente quelque chose qui rappelle la forme d'une fleur à moitié éclose, dont les étamines sont représentées par des masses granitiques non stratifiées et des lambeaux irrégulièrement disloqués de gneiss, et dont la corolle, entr'ouverte, est figurée par les couches de gneiss qui, sur presque toute la circonférence du groupe, s'appuient sur les masses granitiques de l'intérieur, pour s'enfoncer sous les dépôts secondaires, relevées à l'entour en forme de calice. M. de Buch a déjà employé la même comparaison pour donner une idée de la forme d'un groupe de montagnes, auquel elle s'applique encore mieux, attendu qu'on voit paraître au centre, à la place du pistil, une masse de porphyre noir qui a été l'agent du soulèvement.

Le mont Pelvoux forme pour ainsi dire le pétale le plus développé de la fleur. Il atteint la plus grande hauteur, tant à cause de sa grandeur propre que par suite d'une inclinaison sensible de tout l'ensemble du système vers l'ouest-nord-ouest, c'est-à-dire dans la direction dans laquelle les eaux du torrent de Saint-Christophe s'écoulent vers le bourg d'Oisans.

Le petit hameau de la Bérarde, couvert de neige sept mois de l'année, occupe le centre de ce cirque immense, à l'entrée duquel se trouve le village de Saint-Christophe. Ses bords élevés de 3 à 4.000 mètres, présentent un circuit de 6 myriamètres ou 12 lieues, et embrassent un espace de 2 myriamètres ou 4 lieues de diamètre.

La connexion qui existe entre la disposition des couches de la ceinture extérieure de gneiss et la forme des cimes qu'elles composent, montre que ces cimes n'ont subi, depuis qu'elles existent, que de faibles dégradations.

L'intérieur du cirque de la Bérarde n'a évidemment pu subir lui-même que des dégradations du même ordre; il n'a donc pu être creusé par l'action érosive des eaux. Cette action n'a pu que modifier légèrement quelques parties de sa forme, dont les traits généraux datent évidemment de l'époque de la dislocation des couches alpines.

On donnerait sans doute une idée assez exacte de la forme du système que nous considérons, en disant qu'elle est la même que celle que présentent beaucoup de cratères de volcans ébréchés d'un côté. Toutefois j'ai déjà fait remarquer que le gneiss, n'ayant jamais formé de coulées, ce rapprochement ne pourrait conduire qu'à des idées fausses sur l'origine de cette forme remarquable.

Mais si la forme que j'ai signalée rappelle jusqu'à un certain point le cratère d'un volcan, elle rappelle mieux encore la forme de ces dépressions plus ou moins régulières, que, dans des contrées volcaniques, M. de Buch a nommées *cratères de soulèvement*, et que, dans des pays calcaires, M. Buckland a nommées *vallées d'élé-*

vation. Les énormes déchiquetures des montagnes de l'Oisans sont à peu près, à celles des monts Dore, ce que celles-ci sont aux formes arrondies des cônes d'éruption. Le relèvement convergent de nos grandes écailles de gneiss, vers la Bérarde, a certainement une grande ressemblance avec celui des assises basaltiques de la grande Canarie ou de Palma, vers le centre de la Caldera et avec celui des assises de craie, vers les centres des vallées d'élévation du Dorsetshire et du Hampshire. La différence de nature et d'origine de la craie, du basalte et du gneiss, ne s'oppose en aucune manière à ce qu'on suppose que trois portions de la surface du globe, recouvertes respectivement de ces trois espèces de roches, aient cédé d'une manière analogue à des forces agissant du dedans au dehors.

Il est remarquable que, sur la circonférence de notre groupe de montagnes, on observe beaucoup moins de gypses et de roches altérées, qu'on n'en observe par exemple le long de l'extrémité sud-ouest de la chaîne qui s'étend de la pointe d'Ornex à Taillefer. Je n'en connais qu'une grande masse, située dans la vallée de la Guisane, au sud du Casset, au point où viennent finir les couches du système à nummulites. Les couches de ce système, relevées vers l'ouest, dans la montagne du Grand-Cucumelle, située au sud du Casset, et dans celle qui est plus à l'ouest, sont blanchies et verdies d'une manière qui peut faire présumer qu'il y a eu dans ce point quelque dégagement de gaz. On m'a aussi indiqué du gypse, dans le vallon de l'Enchatra, à l'ouest de Saint-Christophe, sur le revers occidental du Grand-Cirque.

Il résulte de cette circonstance, que ces substances gazeuses, douées d'une puissante action chimique, qui paraissent s'être dégagées, en général, au moment du soulèvement des masses primitives, n'ont pas été en grande abondance lors du soulèvement du groupe de la Bérarde, ou que du moins elles ont dû se faire jour vers le centre du cirque, dans lequel on n'observe que des roches primitives peu altérables, plutôt que sur les bords du système qui est entouré, presque de toutes parts, de couches secondaires non altérées. Mais peut-être ces substances gazeuses, dont le dégagement paraît, dans tous les cas, avoir été l'effet plutôt que la cause des grandes commotions souterraines, n'ont-elles paru qu'en très-petite quantité lors du soulèvement définitif du massif de roches dites primitives dont nous nous occupons : il serait certainement très-hasardé de considérer la forme de ce massif comme le résultat du dégagement d'une grande masse de gaz par son point central.

Pour représenter les faits observés relativement à la disposition générale des roches, il suffirait de supposer que, sur un diamètre égal à celui de la circonférence extérieure du cirque, la masse des roches primitives s'était d'abord bombée de manière à atteindre vers son centre une hauteur plus grande que celle des plus hautes cimes actuelles; mais que la pression intérieure qui avait causé son ascension, n'ayant été que de peu de durée, la partie centrale de cette masse s'est ensuite rabaissée, en laissant pour principaux témoins de son intumescence momentanée sa partie la plus extérieure qui devait se trouver plus solidement retenue que le reste dans la position qu'elle avait prise (1).

(1) C'est aussi de cette manière que je crois qu'on pourrait concevoir la formation des cirques de la lune.

Les assises de gneiss supposées primitivement horizontales, et aujourd'hui inclinées en forme de cône tronqué, qui, constituent une sorte de manteau sur la pente extérieure du groupe, auront dû nécessairement se crevasser, dans le mouvement angulaire que nous sommes conduits à leur assigner. La quantité de leur crevassement est exprimée approximativement par les formules que nous avons données, M. Dufrénoy et moi, dans notre mémoire sur les groupes du Cantal et du Mont-Dore, et sur les soulèvemens auxquels ces montagnes doivent leur relief actuel. Voyons quels seraient les nombres qu'il faudrait substituer par exemple dans la formule (3), pour obtenir la valeur de la somme des fissures par écartement, que le gneiss, après le soulèvement, aurait dû présenter sur la crête de la grande enceinte circulaire (1).

La circonférence de cette crête a un rayon d'environ un myriamètre; ce sera la valeur de r; $r = 10.000^{m}$.

---

(1) Je continue à employer la formule (3), préférablement à celle que M. Boblaye a indiquée, et dans laquelle entrerait l'épaisseur de la croûte terrestre, parce que je la crois beaucoup plus exactement en rapport avec les circonstances ordinaires des soulèvemens centraux. Le mode de déplacement auquel M. Boblaye conçoit que les secteurs désunis de la surface primitive auraient été soumis, entraînerait la formation d'un bourrelet autour de la base de l'espace soulevé, et je ne connais de trace bien prononcée d'un bourrelet pareil dans aucun soulèvement circulaire. Il me semble que ce serait principalement dans les chaînes de montagnes très-allongées, au pied desquelles on peut souvent reconnaître de pareils bourrelets, que les formules aussi élégantes qu'ingénieuses de M. Boblaye pourraient trouver leur application. (*Voyez* l'extrait du Mémoire de M. Boblaye, dans le *Bulletin de la Société géologique*, t. 3, p. 317).

Le rayon de la circonférence moyenne du groupe primitif, circonférence que les crevasses de déchirement ne paraissent pas dépasser à environ 5,000^{m}. de plus, ou 15.000^{m}.; ce sera la valeur de R; R=15.000^{m}.

Le gneiss, dans les différens profils que j'ai reproduits *fig.* 2,3,4,5,8, paraît incliné moyennement de 35°; mais il y a tant de chances pour que les inclinaisons apparentes soient plus grandes que les inclinaisons réelles, qu'en réduisant cette valeur à 30°, on sera encore probablement au-dessus de la vérité; nous ferons donc $\theta = 30°$.

La formule (3) nous donnera, après la substitution,

$$\Sigma f = \pi (R - r) \text{ tang.}^2 \theta = 5.235^{m}.$$

Cette somme de fissures paraît au premier aspect très-considérable; mais si on la compare à la circonférence même de la crête circulaire, circonférence qui a environ 62.830^{m}. de développement, on voit qu'elle n'en forme qu'un douzième à peu près, et si on tient compte à la fois de l'existence des grandes crevasses qui ont donné naissance à la vallée du Vénéon et à plusieurs cols, et de celle de cette multitude de fissures verticales qui partagent en obélisques le granite des parties les plus élevées, on ne trouvera sans doute pas qu'il y ait rien d'exagéré à admettre qu'immédiatement après l'élévation de la grande crête circulaire, les fissures par écartement occupaient, à sa partie supérieure, un douzième de sa circonférence. Cette proportion n'a pu manquer de s'accroître beaucoup depuis lors par suite de nombreux éboulemens, et elle est en effet dépassée de bien loin par la somme des lacunes que présente aujourd'hui le cirque.

IIIe. PARTIE. — *Rapports de gisement des roches dites primitives, et des roches de sédiment.*

Les pentes inclinées vers la circonférence, dont les parties les plus élevées supportent ces champs de neige qui ont été mentionnés précédemment, ne s'étendent pas invariablement jusqu'à la circonférence du massif. Quelquefois, semblables à des pans de toitures, elles reposent même du côté de l'extérieur sur des escarpemens presque perpendiculaires. Le bord de la masse primitive est coupé au nord, entre la Grave et le Dauphin, par un défilé nommé *Combe de Malaval*, qui paraît n'être que l'ouverture restée bâillante d'une grande faille. Cette faille aurait séparé les masses de gneiss que recouvrent les schistes argilo-calcaires du système jurassique, dont se composent les montagnes arrondies, appelées les *Prés de Paris*, des masses du même gneiss, qui, plus au sud et à plus de mille mètres plus haut, supportent les glaciers suspendus au-dessus de cette gorge si sauvage.

La même faille se prolongerait en passant au sud du col du Lautaret, et ensuite dans la vallée du Monestier, où elle séparerait les couches de grès et de calcaire du terrain jurassique, plongeant à l'est de celles du système à nummulites (terrain crétacé), qui, plus au sud et presque dans le prolongement des premières, se montrent dirigées et inclinées de la même manière. Elle se terminerait en atteignant les parties du système jurassique, qui se relèvent à l'est vers la vallée de Plats-Pinets.

Peut-être, dans l'origine, cette crevasse conservait-elle une certaine largeur jusqu'à une profondeur considérable; mais bientôt des éboulemens survenus dans les parties supérieures ont dû en élargir l'ouverture et en combler tout le fond. Dans les parties où cette faille traversait des roches calcaires plus ou moins argileuses, tous les angles se sont émoussés et la surface est parvenue promptement à un état presque stationnaire; mais dans la partie comprise entre la Grave et le Dauphin, où la faille traverse un gneiss très-solide, les choses ont été moins vite, les escarpemens sont restés vifs, et les éboulemens durent encore.

Même dans cette partie, à laquelle seule s'applique le nom de *Combe de Malaval*, la fente primitive aura dû être promptement augmentée par la chute, de tout ce que la secousse initiale avait ébranlé de part et d'autre, et ceux des menus débris qui ne seront pas tombés jusqu'au fond de la crevasse, auront été entraînés par les eaux. Une fois arrivée aux parties à peu près intactes, la succession des éboulemens est devenue très-lente. Çà et là, les talus de débris de part et d'autre de la vallée sont jonchés de blocs gros comme des maisons qui, après avoir résisté à l'épreuve de la chute, sont inattaquables, même par les eaux bondissantes de la Romanche qui en baignent quelques-uns. La quantité limitée de ces blocs montre que, depuis que la dégradation a atteint des parties peu fendillées, le nombre des éboulemens a été peu considérable; et la disposition de ces mêmes blocs est tellement en rapport avec l'état actuel des choses dans la gorge, qu'on a peine à se figurer que, pour la plupart, ils gisent dans leur place actuelle depuis un certain nombre de siècles; ils semblent tous être tombés d'hier.

Ces éboulemens sont eux-mêmes la conséquence du fendillement primitif. L'alternative du chaud et du froid peut sans doute les faciliter, mais l'action des autres agens atmosphériques n'entre presque pour rien dans leur production. Il suffit, pour s'en convaincre, de jeter un coup d'œil sur les cascades que forment plusieurs torrens qui, après avoir circulé entre les cimes gazonnées arrondies, dites les Prés de Paris, arrivent tout à coup au haut des escarpemens du flanc septentrional de la gorge, et y tombent en gerbes écumantes de plus de cent mètres de hauteur. Si l'action des agens atmosphériques pouvait attaquer de pareils escarpemens, ces cascades les attaqueraient bien plus fortement encore, et c'est à peine si chacune d'elles a donné lieu, dans la partie de l'escarpement le long duquel elle bondit, à un léger enfoncement en forme de niche très-évasée.

Cette réflexion, qui s'applique également à toutes les grandes cascades des pays de montagnes, à la Pisse-Vache, au Staubach, à la cascade de Gavarnie, et que plusieurs géologues ont déjà indiquée d'une manière plus ou moins explicite, montre que les grands escarpemens des Alpes et des Pyrénées devaient exister déjà à très-peu près dans leur forme actuelle au commencement de la période dans laquelle nous vivons. Si l'action des agens atmosphériques est capable d'attaquer et par conséquent de faire reculer un escarpement, l'action d'une cascade doit produire un effet beaucoup plus grand encore; si le plus petit des deux effets est sensible, la différence des deux effets qui a pour mesure la profondeur de la niche que la cascade s'est creusée doit être sensible aussi. Or, les grandes cascades dont je parle tombent à peu de chose près à fleur des escarpemens; donc ceux-ci n'ont subi aucune altération sensible depuis l'existence des cascades elles-mêmes, excepté peut-être par quelques éboulemens qui ne peuvent avoir été ni très-nombreux ni très-étendus, puisqu'ils n'ont laissé nulle part une très-grande masse de débris.

La production des escarpemens alpins, comme le transport des blocs erratiques ne peut guères avoir résulté que d'un événement de dimensions colossales, comparativement aux événemens dont nous sommes journellement les témoins. L'état presque stationnaire dans lequel se trouve aujourd'hui la Combe de Malaval, ne peut guères se concevoir que comme la limite d'un état de choses qui a commencé par une secousse capable de rompre la croûte du globe dans une grande épaisseur, d'en élever une des parties de mille mètres de plus que l'autre, de fendiller les parties latérales jusqu'à une certaine distance, et d'en provoquer par là l'éboulement graduel. Peut-être dira-t-on que la première rupture une fois opérée, la différence de niveau des deux côtés de la faille a été produite par une longue succession de tremblemens de terre; mais si aujourd'hui des tremblemens de terre successifs et répétés toujours dans le même sens, venaient à rouvrir la faille de la Combe de Malaval, leur effet immédiat serait évidemment d'émousser les escarpemens qui la bordent, escarpemens dont les formes souvent si hardies rendent la supposition inadmissible.

Ces conclusions vont se trouver confirmées par des observations d'un genre bien différent qui forment l'objet principal de cette 3°. partie.

En effet, notre massif circulaire paraît terminé de plusieurs côtés par des failles qui séparent seules les roches primitives des couches secondaires qui se trouvent à la même hauteur. Depuis le vallon de Beauvoisin, qui conduit de Val-Louise et d'Entraigues vers le col du Haut-Martin, et Champoléon jusqu'au Casset, le gneiss sort immédiatement de dessous le système à nummulites, dépendant de la formation de la craie, d'une manière qui suppose souvent que, dans la profondeur, les roches primitives coupent les couches du terrain jurassique sur lequel le terrain crétacé repose dans toute la contrée, présentant ainsi, par rapport à elles, sur de très-grandes longueurs, la même disposition que la masse d'un filon, par rapport à l'une des parois de roches dans lesquelles il est encaissé; la production de ces failles est évidemment en rapport avec certains gisemens où l'on voit, avec autant d'évidence que de surprise, les roches dites primitives s'engager dans les roches de sédiment ou même les recouvrir.

Le vallon de Beauvoisin se trouve, dans une grande partie de sa longueur, sur la limite des masses primitives et des couches secondaires, les plus récentes de la contrée. Le fond du vallon, comme je l'ai dit plus haut, est creusé dans un gneiss à élément faliacé vert et talqueux, passant à une roche feldspathique verte. Sur son flanc nord-ouest, le gneiss n'est pas recouvert et forme des cimes déchiquetées d'une grande hauteur; mais sur son flanc sud-est il ne s'élève qu'à quelques centaines de mètres au-dessus des eaux du torrent, et il est alors recouvert immédiatement par un système très-épais de couches secondaires, qui, par la constance de leur faible épaisseur, par leur régularité, et par la manière uniforme dont elles se présentent dans les escarpemens, rappellent complétement celles des cimes qui dominent Barcelonette et Embrun, celles des Diablerets et du mont Pilate, en Suisse. Ce système de couches se présente ici avec une très-grande puissance, et forme les pointes de l'Aiglière et de Clouzis, qui portent des glaciers sur leur pente nord-ouest, qui descend vers le vallon de Beauvoisin. Ces glaciers, les avalanches et les torrens font tomber en grande quantité dans ce même vallon des fragmens des couches secondaires dont je viens de parler. On y remarque principalement un grès quartzeux verdâtre, contenant un grand nombre de petites parties feldspathiques blanches, du schiste argilo-calcaire noir et du calcaire compacte d'un gris noirâtre, présentant quelques points spathiques, et des petits filons de chaux carbonatée. Les fragmens de grès dominent beaucoup, tant par leur nombre que par leur grosseur, ce qui résulte naturellement de ce que le grès, plus solide, se conserve mieux dans le transport. Il est toutefois évident que dans les couches en question le calcaire est peu abondant, et que le grès et l'argile schisteuse noire dominent beaucoup. En cela les couches qui forment les escarpemens en question s'éloignent légèrement des couches un peu plus récentes de la même série qui forment les environs immédiats de Val-Louise. On trouve dans ces dernières une grande quantité de nummulites qui m'ont servi à les identifier complétement avec les couches du département des Basses-Alpes, qui sont pétries des mêmes fossiles, et qui me paraissent être contemporaines de la craie des rivages de la Manche. Il est du moins incontestable qu'elles sont inférieures aux lignites de Roquevaire et de Gardanne.

Les couches de ce système à nummulites qui constituent les escarpemens du flanc sud-est du vallon de Beauvoisin, quoique très-régulièrement stratifiées, présentent en quelques points des contournemens et des dislocations qui se rattachent aux inflexions de la surface de la masse de roches primitives qui leur sert d'appui.

Au-dessous de la pointe de Clouzis, j'ai aperçu dans un point de cette espèce une sorte d'enchevêtrement des roches primitives et des couches secondaires, et n'ayant pu parvenir à ce point lui-même, pour toucher le contact, je suis monté de l'autre côté du vallon en face et à la même hauteur, afin de pouvoir du moins l'observer commodément avec une lunette et le dessiner.

A gauche du point qui présente l'accident en question, les roches primitives s'élèvent en x (*Pl. II*, *fig.* 1) à une hauteur plus grande qu'à droite en y, et, en passant de l'un des niveaux à l'autre elles présentent en z une espèce de dent qui s'avance horizontalement entre les couches secondaires qui la recouvrent, et les couches secondaires qui s'insèrent dessous ; ces dernières se prolongent indéfiniment vers la droite, mais elles se terminent vers la gauche suivant une ligne presque verticale, au delà de laquelle on ne voit à la même hauteur que des masses primitives (gneiss ?). Cette disposition, au premier aspect si bizarre, m'a paru pouvoir s'expliquer assez simplement en admettant que les couches n de droite étaient, au moment de leur dépôt, le prolongement des couches *m* de gauche, et qu'elles ont été soulevées à une moins grande hauteur par les roches primitives dont la surface offrirait dans l'intervalle une double inflexion comme l'indique la *fig.* 2, qui représente une coupe idéale supposée faite dans un plan vertical perpendiculaire à la surface de l'escarpement de la montagne.

En descendant d'Entraigues, au village appelé Ville-de-Val-Louise, avant d'arriver au Villard, on voit le système de grès, d'argiles schisteuses noires et de calcaires compactes gris noirâtres à nummulites s'appuyer contre le gneiss. Les strates ou les plans de clivage de cette dernière roche plongent de 45° à 50° vers le sud-est. En suivant des yeux les couches calcaires et arénacées dans la hauteur, il m'a semblé qu'elles allaient se terminer contre le gneiss qui coupait leur prolongement, ce qui suppose nécessairement que toutes les couches inférieures sont dans le même cas; mais je n'ai pu monter jusqu'au point de contact pour vérifier le fait, et l'apparence que je signale ici pourrait être due à une dépression d'où descend un grand ravin.

Près des extrémités de la ligne courbe suivant laquelle, comme je l'ai dit plus haut, le gneiss et le granite coupent généralement les couches secondaires, on voit près de la Grave et de Champoléon, en deux points éloignés l'un de l'autre de 3 myriamètres et demi ou 7 lieues, le contact des roches primitives et des couches jurassiques s'effectuer avec des circonstances encore plus remarquables que celles que je viens d'indiquer.

Un peu au nord du hameau de Fréaux, situé à une demi-lieue ouest de la Grave, au haut d'un talus cultivé qui borde la vallée de la Romanche, s'élèvent des escarpemens dont la partie inférieure un peu à l'est de la cascade que forme le torrent du Ga, est formée de gneiss, de granite à petits grains et d'une roche schisteuse verdâtre un peu amphibolique; la stratification de ces roches se dirige nord 20° est, et plonge de 70° à l'ouest-nord-ouest. Sur leur surface repose (*Pl. II*, *fig.* 3), dans la partie supérieure des mêmes rochers, un grès très-dur, blanchâtre et à peine stratifié, composé de grains amorphes de quartz et de quelques cristaux de baryte sulfatée réunis par un ciment assez fortement effervescent, et composé en partie de spath calcaire. Ce grès, que la présence de la baryte rapproche déjà de l'arkose de la Bourgogne, occupe ici la même place que ce dernier, tant par rapport aux roches primitives qui le supportent, que par rapport au système secondaire qui le recouvre, système dont les assises inférieures me paraissent contemporaines du calcaire à gryphées arquées.

Immédiatement au-dessus de cette roche arénacée se trouve un calcaire gris subsaccharoïde, d'un grain très-serré, qui se fond avec le grès à son point de contact avec lui, et qui, ne présentant qu'une faible épaisseur, est bientôt remplacé lui-même par un calcaire saccharoïde d'un grain plus lâche, qui forme un banc assez puissant. Ce banc de calcaire cristallin se distingue dans l'escarpement par la teinte très-noire que le contact prolongé de l'air a fait prendre à sa surface. Il est immédiatement recouvert par un calcaire moins cristallin, moins modifié dans son état d'agrégation, et dont la surface exposée à l'air a pris une teinte moins sombre. Au-dessus se trouve une assise peu épaisse d'un calcaire compacte gris contenant différens débris organiques. Ce dernier banc est recouvert par une assise d'un schiste noir très-fissile sur lequel repose un calcaire compacte gris, schistoïde, à cassure transversale un peu esquilleuse, et dont les strates sont couvertes d'un enduit micacé ou talqueux d'un gris argenté, soyeux à la vue et au toucher. Ce calcaire contient un grand nombre de bélemnites et d'encrines circulaires et pentagonales, dont les espèces, quoique difficiles à déterminer rigoureusement, sont évidemment les mêmes que celles que j'ai indiquées ailleurs à Roselen au pied sud-ouest du groupe du Mont-Blanc, à Petit-Cœur en Tarentaise, et à la Frey, département de l'Isère (1). On y trouve aussi des coquilles bivalves dont je n'ai pu trouver d'échantillons déterminables, mais qui me paraissent identiques avec celles que nous avons trouvées, M. Fénéon et moi, au col de la Sauce, au pied sud-ouest du groupe du Mont-Blanc, dans des blocs calcaires qui contenaient aussi en même temps les bélemnites, les pentacrinites et les entroques circulaires dont je viens de parler. Dans toutes ces localités, ces fossiles se trouvent dans des couches calcaires qui font partie des premières assises du système secondaire de ces contrées, assises que j'ai cru pouvoir rapporter au calcaire à gryphées arquées (blue lias des Anglais).

Les couches calcaires dont je viens de parler sont surmontées par une assise assez épaisse d'un calcaire très-schisteux que recouvre un schiste noir encore plus fissile, dépourvu de fossiles, et

(1) Voyez *Annales des sciences naturelles*, *t. XIV*, *page* 113, *et t. XV*, *page* 353 (1828).

tout-à-fait semblable aux schistes noirs qui accompagnent ordinairement dans ces contrées les gîtes d'anthracite. Ces dernières couches forment le commencement d'une série excessivement épaisse de schiste argileux, de schiste argilo-calcaire noir, de calcaire et de grès qui constitue toutes les montagnes au nord de la Grave, du Villard-d'Areine et du col de Lautaret, et qui me paraît se rapporter en entier au terrain jurassique.

J'en ai donné une description abrégée dans une note sur un gisement de végétaux fossiles et de graphite situé au col du Chardonet (1).

J'ai trouvé dans les éboulemens au-dessus des Fréaux, une brèche calcaire à noyaux pour la plupart compactes et noirs, et à ciment cristallin d'un gris pâle. Je n'ai pu en déterminer le gisement d'une manière positive: elle ressemble complétement à certaines variétés de ces brèches calcaires des environs de Moutiers en Tarentaise, que Dolomieu et M. Brochant ont si bien décrites.

La partie inférieure des pentes qui bordent la vallée de la Romanche, au midi de la Grave et du Villard-d'Areine, est aussi formée par des couches du même système. Le talus qu'elles constituent s'étend jusqu'au pied des masses escarpées de roches primitives qui, s'élevant jusqu'à la hauteur des neiges perpétuelles et couronnées de glaciers, forment les avant-corps du massif de l'aiguille du midi de la Grave, qui atteint une hauteur de 3.986^{m}. au-dessus de la mer.

Ce massif est principalement formé de gneiss, du moins du côté qui regarde la Grave et le Villard-

---

(1) Voyez *Annales des sciences*, *tome XV*, *page* 353.

d'Areine ; mais cette roche passe quelquefois à un granite à grains moyens. C'est ce qui a lieu particulièrement dans une arête qui s'avance au midi du Villard-d'Areine, et jusqu'à laquelle je suis monté, afin d'examiner le contact des roches primitives qui la composent avec les couches de schiste argilo-calcaire, et de calcaire compacte noir qui forment le talus au-dessous du point où les roches primitives cessent d'être visibles. J'ai trouvé là précisément le contraire de ce que j'avais observé dans le point décrit plus haut. Au nord des Fréaux, j'avais trouvé le lias recouvrant ce granite ; au sud-sud-ouest du Villard-d'Areine, j'ai vu le granite s'appuyer sur des couches assez élevées de la série jurassique. Voyez *Pl. II*, *fig.* 4.

La partie inférieure des rochers composés de roches primitives qui, comme je l'ai déjà dit, font corps avec tout le massif de l'aiguille du midi de la Grave, est formée d'un granite ou protogine composé de feldspath verdâtre presque compacte, de feldspath blanc cristallisé, de quelques grains de quartz et de mica ou de talc vert. Ce granite n'est pas généralement en décomposition ; mais à la base même des rochers le grain de la roche devient beaucoup moins distinct ; elle semble, en quelques points, prendre la structure d'une brèche, et en même temps le feldspath et le mica sont décolorés, et la masse entière en décomposition évidente.

C'est sous ces parties qu'on voit s'enfoncer les couches secondaires, dont on peut suivre et observer de près le contact avec le granite sur une grande longueur.

Le développement total de la ligne, suivant

laquelle on peut suivre cette jonction, irait peut-être à plus de 1.000 mètres.

Le plan du contact, à peu près parallèle à la stratification des couches secondaires, plonge de 60 à 70° à l'est-sud-est. La couche secondaire, immédiatement contiguë au granite, est un calcaire gris saccharoïde, avec petits filons spathiques; mais, à mesure qu'on s'éloigne du contact, le grain du calcaire devient plus fin, et, à très-peu de mètres du point de jonction, on rencontre déjà un calcaire compacte noir qui contient des bélemnites. Celui-ci repose sur un schiste argilo-calcaire noir qui renferme les mêmes fossiles. Cette dernière roche constitue tout le talus qui descend jusqu'à la Romanche, et y présente des bélemnites dans plusieurs de ses couches. Sa stratification devient de moins en moins inclinée à mesure qu'on s'éloigne du granite.

Le contact du granite et du calcaire sur lequel il s'appuie, n'est pas toujours absolument immédiat. On voit en quelques points du fer oxidé, hydraté, former outre les deux roches une espèce de filon.

J'avais fait les dernières observations que je viens de rapporter en 1827, avec mon collègue M. Fénéon. En 1830, je suis retourné dans la vallée de la Romanche avec MM. Brochant de Villiers et Dufrénoy, qui désiraient prendre connaissance par eux-mêmes des faits que j'avais signalés dans ces contrées. M. Charles d'Orbigny nous accompagnait. Nous couchâmes au Villard-d'Areine, et nous en partîmes le matin pour monter à la superposition du granite sur le calcaire jurassique. Un nuage remplissait le fond de la vallée, on ne pouvait distinguer les objets à dix pas de distance.

Nous traversâmes le petit pont jeté sur la Romanche, et dans l'impossibilité de faire comprendre précisément à notre guide le point où nous voulions aller, nous nous mîmes à gravir les pentes désignées sur la carte du général Bourcet, sous le nom de Puy-Vachier. Mais le sentier que nous suivions ne quittait la surface du calcaire argileux schistoïde, qui présente seul un peu de verdure, et sur lequel seul on mène paître les troupeaux que pour passer sur des éboulemens. Enfin après avoir marché pendant deux heures et nous être élevés d'environ 500$^{m.}$ au-dessus du village du Villard-d'Areine, nous nous trouvâmes au-dessus du brouillard qui ne tarda même pas à se dissiper complétement, et nous vîmes se déployer devant nous le beau glacier de la Grave, qui descend de l'aiguille du midi. Nous touchions presque la moraine de la branche la plus orientale de ce glacier : elle est composée en entier de fragmens du granite et du gneiss sur lequel ce glacier repose; mais nous étions encore sur le calcaire, au bord duquel le glacier s'arrête, et dont nous voyons les couches mises à nu par les torrens, se contourner et se redresser presque verticalement à l'approche des roches primitives.

En nous retournant du côté du Villard-d'Areine, il fut aisé de reconnaître que dans les ténèbres où nous avions marché, nous avions laissé sur la gauche, et bien au-dessous de nous, le point où trois ans auparavant j'avais déjà touché la superposition du granite sur le calcaire. Mais de ce premier point j'avais remarqué que la ligne de contact des deux roches se poursuivait fort loin en montant au sud-ouest et en continuant à présenter, au moins en apparence, les mêmes circonstances. En effet, du point où nous nous trouvions maintenant, nous pouvions voir le bord inférieur de l'escarpement granitique s'élever depuis le point de l'observation primitive jusqu'à notre hauteur actuelle, et même plus haut encore en formant la limite du talus que constitue le calcaire schisteux. Le brouillard nous avait favorisés, puisqu'en nous faisant monter beaucoup plus haut que nous n'y avions d'abord songé, il nous mettait dans le cas, non de répéter sur le même point, mais de refaire à un quart de lieue de là, sur un second point d'une ligne de contact dont le développement total est encore plus étendu, l'observation qui nous intéressait. Un éboulement assez large nous séparait de la ligne de contact des deux roches en place. Nous nous mîmes à le traverser, et notre guide resta à l'entrée tenant son mulet et son panier. La traversée fut assez longue, car les fragmens de granite dont l'éboulement se composait roulaient les uns sur les autres, et ceux que nos pieds dérangeaient, dégringolaient même assez loin sur une pente inclinée d'environ 35°. Mais enfin nous arrivâmes tous les quatre à mettre les mains contre le granite et les pieds sur le calcaire qui le supporte.

L'escarpement granitique *a*, *fig.* 5, était déchiqueté ; il présentait des espèces de ravins irréguliers qu'il eût été fort difficile, à cause de leur raideur et de l'inégalité de leur surface, de gravir jusqu'à une hauteur un peu grande, mais dans lesquels on trouvait en abondance des fragmens de granite éboulés des cimes abruptes et dentelées, couvertes de neiges perpétuelles qui dominent le point de la superposition. Ce granite est à grains moyens, à feldspath en partie verdâtre et presque compacte, en partie blanc, éclatant et très-cristallin, à quartz grisâtre en grains amorphes assez petits, mais bien distincts, et à mica vert d'un éclat satiné. En approchant de la ligne de contact avec le calcaire qui le supporte, le granite mis à nu dans les ravins et les escarpemens change sensiblement de texture, son grain devient plus serré, on n'en distingue plus aussi bien les différens élémens. Cette portion *b* est laissée en blanc sur la coupe pour indiquer la compacité de la roche. En quelques points *c* de la partie tout-à-fait extérieure de la roche granitique, cette roche prend une structure véritablement remarquable : ce n'est plus qu'une brèche à fragmens anguleux ou légèrement arrondis d'un granite blanchâtre, à petits grains, semblable à celui qui forme le reste de la croûte de la masse granitique : ces fragmens sont unis par un ciment d'apparence arénacée qui paraît n'être autre chose que du granite pulvérisé. Le tout forme une roche très-solide ; c'est un véritable pepérino granitique comparable aux tufs trachytiques du Cantal et du Mont-Dore : on pourrait l'appeler en anglais *gra nit-tuf*, de même qu'on dit *trapp-tuff*. Au point de contact avec le calcaire, la roche brèchiforme ou compacte est quelquefois décomposée ; mais ce n'est pas une règle constante, souvent aussi elle est parfaitement intacte et alors très-dure, très-tenace, très-difficile à tailler en échantillons réguliers.

Le granite repose obliquement sur le calcaire dont les couches plongent sous les escarpemens déchiquetés qu'il constitue, et les ravins qui découpent ces escarpemens permettent de voir la surface de contact sous différens aspects. Cette surface n'est pas plane, les deux roches s'emboîtent l'une dans l'autre d'une manière beaucoup plus compliquée qu'une seule coupe ne peut l'exprimer; ici pas de filons ferrugineux qui les séparent, c'est une légère différence locale avec le point décrit ci-dessus. Dans celui qui nous occupe, les deux roches sont soudées l'une à l'autre de telle sorte, qu'avec un peu de patience, et pourvu qu'on ne tienne pas à trop bien tailler les échantillons, on peut en recueillir, dont une moitié est calcaire et l'autre granitique. Au point de contact le calcaire *d* est généralement d'un gris bleuâtre, translucide, un peu cristallin, dur, un peu fendillé. Il a visiblement perdu quelque chose de son aspect originaire, comme cela lui arrive fréquemment dans ces contrées lorsqu'il a été percé ou disloqué par les roches dites primitives.

A un ou deux mètres du contact le calcaire reprend, en *e*, l'aspect qui lui est propre; il est alors d'un gris brunâtre, compacte, un peu marneux, en couches d'environ 2 décimètres (8 pouces de puissance); la stratification qui est assez régulière plonge au Sud 30°, Est de 50 à 55°. Au point où nous avons observé la superposition du granite sur ce calcaire, il se montre à nu sur une certaine étendue, formant un talus au pied des escarpemens granitiques. En descendant sur la surface de ce talus, on peut, comme la figure l'indique, suivre la succession des couches calcaires en s'éloignant du granite. A quelques mètres du contact le calcaire, en *f*, devient marneux et passe même à des marnes schisteuses noires, peu solides et ébouleuses, qu'on peut observer sur une épaisseur de quelques mètres; plus bas encore le calcaire redevient, en *g*, moins marneux, plus solide, il forme une série de couches très-minces et schisteuses. Des couches analogues à celles qui viennent d'être décrites, alternent un grand nombre de fois sur les pentes nommées le Puy-Vachier, et constituent tout le talus qui descend jusqu'à la Romanche.

Nous avons observé à diverses hauteurs dans ces couches, et jusques à quelques mètres, du granite, un assez grand nombre de bélemnites et des ammonites évidemment jurassiques qui prouvent que ce système fait partie de formation jurassique si singulièrement développée, qui forme toute la partie sédimentaire des montagnes adjacentes, et qui au-dessus des Freaux repose, ainsi qu'il a été dit ci-dessus, sur les roches primitives.

Près de Champoléon, village situé dans le département des Hautes-Alpes, un peu au midi du groupe primitif qui s'élève autour de la Bérarde, on voit de même le granite supporter en quelques points, et recouvrir en d'autres des couches du système jurassique.

Au pied de la montagne appelée le Puy-de-Peorois, on voit s'étendre en demi-cercle, dans l'angle formé par le Drac et le torrent qui descend de la montagne de Touron, un lambeau de terrain secondaire composé de schiste argilo-calcaire noir, contenant quelques couches de grès et de calcaire compacte gris, et pénétré par des masses irrégulières de la roche amphibolique ou pyroxénique, connue sous le nom de variolite du Drac, qui, contre l'ordinaire, n'est accompagnée dans cette localité d'aucune masse de gypse. Certaines couches du calcaire contiennent un grand nombre de bélemnites et d'encrines, des polypiers, des fragmens de grandes bivalves, d'ammonites et de pointes d'oursin, qui ne permettent pas de douter qu'il n'appartienne au système de couches secondaires le plus ancien de la contrée, système qui, ici encore, m'a paru faire partie du terrain jurassique.

Les variolites m'ont présenté différens minerais de cuivre. Dans un bloc de calcaire, j'ai trouvé un petit filon de baryte sulfatée avec galène et blende.

Toute cette bande de terrain secondaire, sur laquelle sont bâtis les hameaux du Chatelar, des Gondoins, des Fermonts et de Peorois, est extrêmement disloquée.

Sur la rive droite du Drac, à 4 ou 500 mètres au-dessus de son niveau, et à peu près à égale distance des deux hameaux appelés les Baumes et les Gondoins, le sol est formé par un granite à petits grains, à mica noir et à feldspath blanc ou rougeâtre. Ce granite est évidemment en place, et tout annonce qu'en descendant du point en question vers le Drac, suivant la ligne la plus courte, on marcherait toujours sur cette roche dans laquelle paraît être creusée la vallée des Baumes, et qui semble former aussi les noyaux et les sommets des montagnes les plus considérables des environs. Un peu au-dessus du même point se trouvent de petits escarpemens formés de roches stratifiées, superposées au granite dont je viens de parler. La *fig.* 6, *Pl. II*, indique la série de roches que j'y ai observée.

Au-dessus du granite *a*, décrit ci-dessus, se trouve une variété *b* moins bien cristallisée du même granite un peu en décomposition. Il forme pour ainsi dire l'enveloppe extérieure du précédent.

Immédiatement au-dessus on trouve un grès quartzeux, très-dur, presque compacte *c*; le plan de superposition plonge vers l'intérieur de la montagne, sous un angle d'environ 30°. Il y a 1 ou 2 mètres de ce grès très-dur.

On trouve ensuite successivement les couches suivantes : *d*, grès schisteux avec surfaces de stratification couvertes d'un enduit charbonneux. Les plans de stratification sont à peu près parallèles à celui de contact avec le granite. Il y a plusieurs mètres de ce grès qui contient de petits filons et de petits nids de baryte sulfatée et de galène.

e. Calcaire ferro-manganésifère gris, saccharoïde, à petits grains, qui, exposé à l'air devient roux à la surface. Il forme une assise assez épaisse, au-dessus du grès précédent, et on y trouve encore beaucoup de petits filons de baryte sulfatée.

f. Calcaire ferro-manganésifère, presque compacte, un peu esquilleux, bleuâtre, un peu schistoïde, qui forme une petite couche au-dessus de la précédente.

g. Variolite du Drac, qui forme une masse de 20 à 30 mètres d'épaisseur, posée sur les couches qui précèdent, et accompagnée de ses tufs. Elle contient en quelques points différens minerais de cuivre.

Cette masse de variolites est recouverte par diverses couches de schiste argilo-calcaire noir et de calcaire gris.

Le granite s'élève par derrière à peu de distance, comme un mur vertical, et coupe la prolongation de tout ce système. Il s'étend sans interruption jusqu'au sommet de la montagne, abrupte et déchiquetée, nommée le Puy-de-Peorois.

J'ai aussi cherché à voir le contact du granite et des couches secondaires, sur le penchant rapide que présente cette dernière montagne du côté du midi, le long du vallon qui descend de la montagne de Touron, et ici dans tous les points où j'ai pu voir ce contact, c'était le granite qui s'appuyait sur les couches secondaires.

Au haut d'une arête située entre deux couloirs qui aboutissent l'un et l'autre dans le ruisseau de Touron, au-dessus du hameau des Fermonts, on voit de la manière la plus claire le granite recouvrir le schiste argilo-calcaire noir friable, dont toute la partie inférieure de cette arête est formée, et dans laquelle sont creusés les deux couloirs. Le granite s'avance en dessus du schiste (*Pl. II*, *fig.* 7), de manière que sa surface inférieure, qui est celle du contact, présente la forme d'une portion de l'intrados d'une voûte. Les parties du granite qui constituent cette surface courbe elle-même sont très-mal cristallisées. Elles présentent une disposition par zones parallèles à la surface extérieure de la masse qui se trouve de plus en plus cristalline, à mesure qu'on pénètre dans son intérieur. Déjà, à un mètre de la surface de contact, le granite commence à présenter des caractères peu différens de ceux qu'il a dans le reste de la montagne. Près de son point de contact avec le granite, le schiste argilo-calcaire, sur lequel celui-ci repose, n'est nullement altéré. Il est fissible et friable au même degré que plus bas. Ses couches plongent légèrement vers l'intérieur de la montagne.

Ce schiste argilo-calcaire s'étend, d'une part,

jusqu'au hameau des Gondoins, où il paraît reposer sur des couches d'un calcaire riche en fossiles dont j'ai déjà parlé, et de l'autre il se prolonge assez loin en remontant le vallon qui descend de la montagne de Touron, vallon dont il forme le flanc septentrional. Le long de ce vallon, à environ une demi-lieue au-dessus du hameau des Fermonts, j'ai remarqué un couloir ou ravin très-rapide qui prenait naissance dans le granite du Puy-de-Peorois, et dont la partie inférieure était creusée dans le schiste sur une hauteur de 100 à 200 mètres. Je me suis élevé au point où, dans ce couloir, s'opérait le passage du schiste argilo-calcaire au granite, et j'ai fait, de concert avec M. Fénéon, que j'ai eu l'avantage d'avoir pour compagnon dans la plupart des courses dont ce mémoire renferme les résultats, la coupe exacte de leur jonction.

Au-dessus du schiste argilo-calcaire *o*, on trouve successivement en allant de bas en haut.

n. Calcaire compacte gris, qui forme une couche de quelques décimètres.

m. Schiste argilo-calcaire très-fissible, très-friable, et tout-à-fait analogue à celui de la partie inférieure du couloir ; 1 mètre.

l. Calcaire compacte gris, avec beaucoup de points spathiques et de petits filons calcaires, qui forme une couche de 1 à 2 mètres.

k. Espèce de granite mal caractérisé qui vient au jour en dessous de *e*, et ne se montre que sur une épaisseur de 1 ou 2 décimètres.

i. Calcaire gris saccharoïde à petits grains, contenant un grand nombre de cristaux de spath perlé ; 2 ou 3 décimètres.

h. Roche argilo-calcaire criblée de cristaux de spath perlé; 2 ou 3 décimètres.

g. Calcaire saccharoïde à petits grains, gris dans l'intérieur et roux près de la surface, avec petits filons de chaux carbonatée et de baryte sulfatée; couche de quelques décimètres.

f. Grès très-schisteux avec veinules charbonneuses, et qui ne diffère du grès qu'on rencontre ordinairement dans le système jurassique de ces contrées, que parce qu'il est un peu plus dur et plus ferrugineux. Il contient beaucoup de petits filons de baryte sulfatée et de galène; 2 à 3 mètres.

e. Grès quartzeux compacte passant à un quartz compacte avec cristaux de feldspath, presque sans indices de stratification. Ce grès se divise en fragmens irréguliers très-anguleux, et renferme de petits filons et des nids de baryte sulfatée et de quartz; 2 mètres.

d. Grès quartzeux à gros grains avec surfaces de stratification charbonneuses contenant beaucoup de cristaux de feldspath, pris tout près du plan de superposition du granite sous lequel il s'enfonce. Les surfaces de stratification sont à peu près parallèles à celle du contact des deux roches. Il y a plusieurs décimètres de cette roche qui renferme aussi quelques petits nids de galène.

c. Granite pris à 1 ou 2 décimètres au plus du point d'application sur le grès; il est mal cristallisé, et présente de nombreux petits filons et de petits nids de baryte sulfatée et de galène.

b. Granite analogue au précédent, mais un peu mieux cristallisé; un peu en décomposition, pris à quelques décimètres de la surface de contact, du granite et du grès.

a. Granite à petits grains à feldspath blanc ou rougeâtre et à mica noir ou verdâtre, qui forme la masse de la montagne.

Une des circonstances les plus frappantes que présente le contact du granite à mica noir et à feldspath rose qui constitue les plus hautes montagnes des environs de Champoléon avec les diverses parties du système jurassique, c'est que, quelle que soit l'inclinaison de la surface de contact, si la roche secondaire est solide (calcaire, grès ou variolite), cette roche et le granite sont devenus métallifères près du contact, et renferment en nids et en petits filons de la galène, de la blende, des pyrites de fer et de cuivre, de la baryte sulfatée, de la chaux carbonatée ferro-manganésifère, etc., et qu'en même temps les roches secondaires sont plus cristallines et plus dures près de la surface de contact qu'en tout autre point, tandis que le contraire a lieu pour le granite. Ayant observé ces circonstances en deux endroits différens et dans lesquels même les autres circonstances du gisement sont d'ailleurs diamétralement opposées, je regarde comme très-probable que la présence des substances métalliques et de la baryte sulfatée dans les points mentionnés n'est pas accidentelle, mais qu'elle est au contraire une conséquence de la juxtà-position des roches que ces points présentent.

La présence de ces substances dans l'un des cas où j'ai vu le granite s'appuyer sur les couches jurassiques, montre que cette superposition n'est pas un simple accident dû à des circonstances extérieures et purement mécaniques, telles que le renversement d'une montagne, ou un simple éboulement, mais qu'elle dépend d'une cause intérieure liée aux phénomènes souterrains qui ont causé le premier remplissage des filons métalliques. D'après la manière dont la baryte sulfatée et les substances métalliques sont disposées, il semblerait que ces substances se sont insinuées dans une solution de continuité qui aurait existé entre le granite et les roches stratiformes et sont venues en souder ensemble les deux parois, ainsi que celles de toutes les fentes qui y aboutissaient. Ces circonstances concoureraient avec la forte inclinaison des couches de sédiment pour démontrer, si le contraire pouvait être soutenu sérieusement, que la superposition du granite sur les couches sédimentaires ne résulte pas de ce que celles-ci seraient venues se déposer après coup en dessous d'une masse de granite en surplomb.

La manière dont les roches primitives, dans plusieurs des exemples que je viens de citer, s'appuient sur les couches des terrains jurassiques et crétacés, un peu altérées près du contact, la forme largement arrondie des surfaces suivant lesquelles elles s'appliquent sur elles, la variation que présente leur propre grain près de ce même contact, et la forme hardie et abrupte des sommités qu'elles constituent, se réunissent pour donner la preuve et la limite de l'état de mollesse ou de refroidissement imparfait dans lequel elles se trouvaient encore, lorsqu'elles sont venues occuper la place dans laquelle nous les voyons.

Si l'on en jugeait simplement par comparaison avec l'eau et la glace, on pourrait croire qu'un corps ne peut cristalliser qu'en se refroidissant à partir de son point de fusion. Mais il en est autrement pour les corps qui passent de l'état solide à l'état liquide par un ramollissement progressif.

On sait qu'un morceau de verre chauffé pendant long-temps, et refroidi tranquillement, devient opaque, ce qui paraît résulter simplement d'un commencement de cristallisation qui s'est opéré dans sa masse sans qu'elle ait éprouvé autre chose qu'un simple ramollissement long-temps prolongé.

M. Gregory-Watt a fait sur les roches de trapp, des environs de Dudley, des expériences qui lui ont appris que ce trapp fondu et refroidi très-lentement prend une structure cristalline, tandis que le même trapp, fondu au même degré de chaleur, mais refroidi très-promptement, prend une texture vitreuse. (*Manuel géologique* de M. de la Bèche, traduction française, par M. Brochant de Villiers, p. 601).

M. Coste, ingénieur au corps royal des mines, a fait dernièrement au Creusot des expériences dans lesquelles on se servait d'une verge de fer forgé pour agiter un bain de fonte, jusqu'à ce qu'il commençât à se figer, moment auquel on la retirait. Cette verge rougissait par l'extrémité trempée dans le bain de fonte, tandis qu'elle n'était que médiocrement échauffée par l'extrémité opposée, et après être revenue à la température ordinaire, elle se trouvait cassante dans la partie qui avait été chauffée au rouge blanc, et refroidie progressivement; dans cette partie cassante, elle était devenue largement cristalline, et présentait de grandes facettes, tandis que dans l'autre elle avait conservé sa tenacité, son nerf, en un mot sa texture fibreuse primitive. Il est évident que dans ce cas les molécules du fer, sans se fondre complétement, ont éprouvé un mouvement relatif qui leur a permis de se réunir, conformément aux lois de la cristallisation.

Je suis porté à attribuer la texture largement cristalline de l'intérieur de nos masses granitiques, texture qui contraste si fortement avec la compacité presque complète, qu'elles présentent près de leur point de contact avec les roches secondaires qu'elles sont venues recouvrir, à un mouvement intérieur que, malgré leur solidité presque complète, les molécules y auraient éprouvé pendant le laps de temps immense qu'a dû exiger leur entier refroidissement.

Je ne donne au reste cette explication, que je crois très-susceptible de controverse, que pour fixer davantage l'attention sur un objet qui me semble digne d'être examiné avec plus de détail, et pour l'étude duquel M. Dausse a présenté de nouveaux et importans documens dans son mémoire sur les montagnes des grandes Rousses, lu dernièrement à la société géologique. Mais indépendamment de la justesse plus ou moins grande des vues que je viens d'indiquer, il est *parfaitement évident* que les roches granitiques observées en contact avec les assises jurassiques, n'étaient pas complétement réduites à l'état de masses froides et inertes, lorsque les superpositions décrites ci-dessus se sont définitivement opérées. Or, cette seule circonstance est inconciliable avec l'idée que les montagnes de l'Oisans se seraient élevées peu à peu, par une série de secousses de tremblemens de terre de la force de celles qui arrivent de nos jours, mais répétées pendant un laps de temps immense. C'est donc dans un temps très-court, ou par la succession d'un petit nombre de très-grandes secousses, que les masses de ces montagnes ont pris les positions respectives et les formes générales qu'elles nous offrent aujourd'hui.

Aussi des observations de nature très-différente nous conduisent également à conclure que les phénomènes dont les formes actuelles des montagnes de l'Oisans sont le résultat, ne sont pas susceptibles d'être fractionnés par la pensée en un très-grand nombre de petites parties ; ils ont été peu nombreux mais énormes, et il ne me semble pas qu'il y ait rien d'exagéré à donner à des évenemens de cette grandeur, et qu'il serait si difficile de concevoir isolés, le nom de *Révolutions de la surface du globe.*

Les faits que j'ai indiqués dans cette troisième partie seront faciles à vérifier, et peut-être à multiplier. Quelle que soit au reste la valeur qui pourra leur être attribuée, je me féliciterai de les avoir fait connaître, si par-là je détermine de plus habiles géologues à visiter un jour en détail la vallée de Champoléon, le vallon de Beauvoisin, les pentes qui font face au Villard-d'Areine, et à examiner, sur cette ligne de huit à neuf lieues de développement, comment s'opère le contact des couches secondaires et des roches dites primitives.

On ne saurait assez recommander aux personnes qui parcourent ces contrées, de se munir de la carte du Haut-Dauphiné, par le général Bourcet. (Elle se vend à Paris, chez Piquet.)

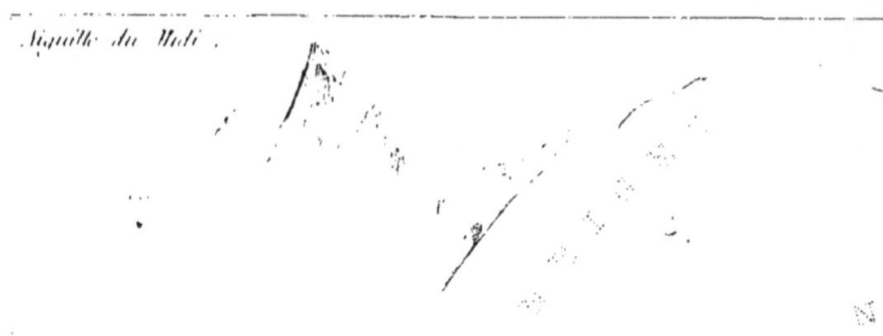

Fig. 1. Vue des Montagnes qui entourent la Bérarde,
Prise des pentes qui s'élèvent au dessus des granges d'Hue

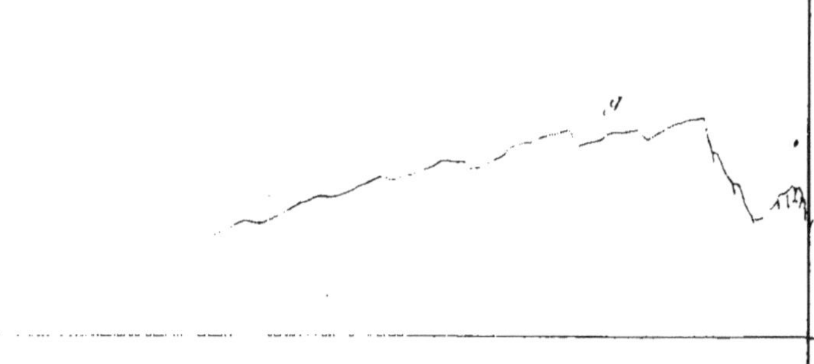

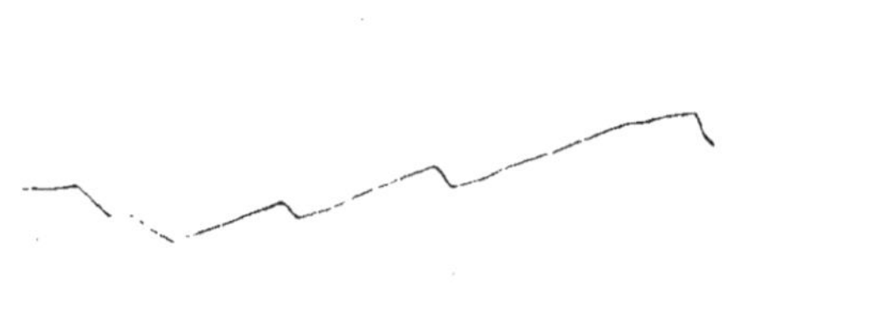

Fig. 8.

Montagne des Aguiaux
Vue des environs du Monestier.

Montagne
la pointe

Fig. 2. Vue des Montagnes de l'Oisans prise des environs de

Fig. 6. Pointe des Verges.

Fig. 5. Aiguille du de la Grave.

GÉOLOGIE — MONTAGNES DE L'OISANS.

Pl. I.

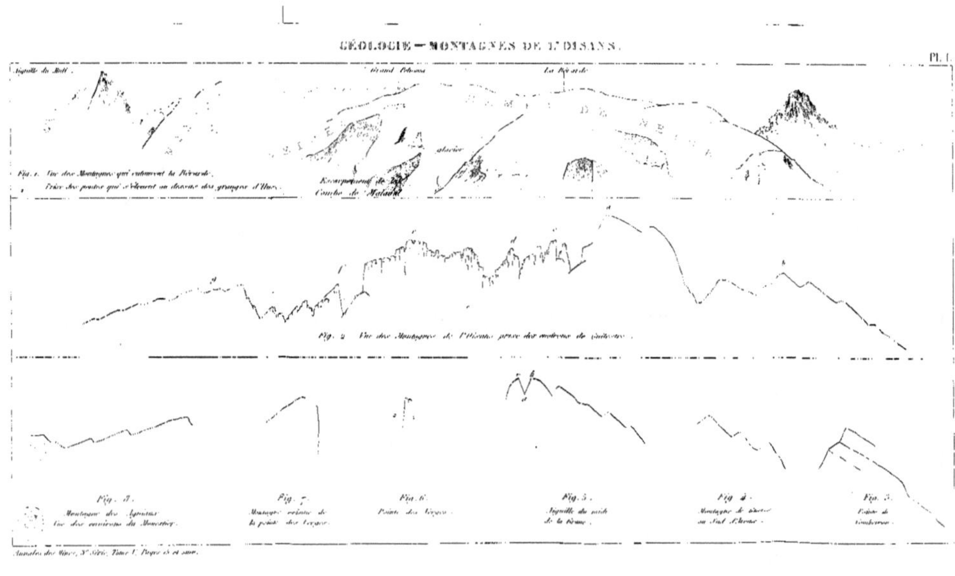

Annales des Mines, 3e Série, Tome V. Page 13 et suiv.

GÉOLOGIE — MONTAGNES DE L'OISANS.

Pl. II.

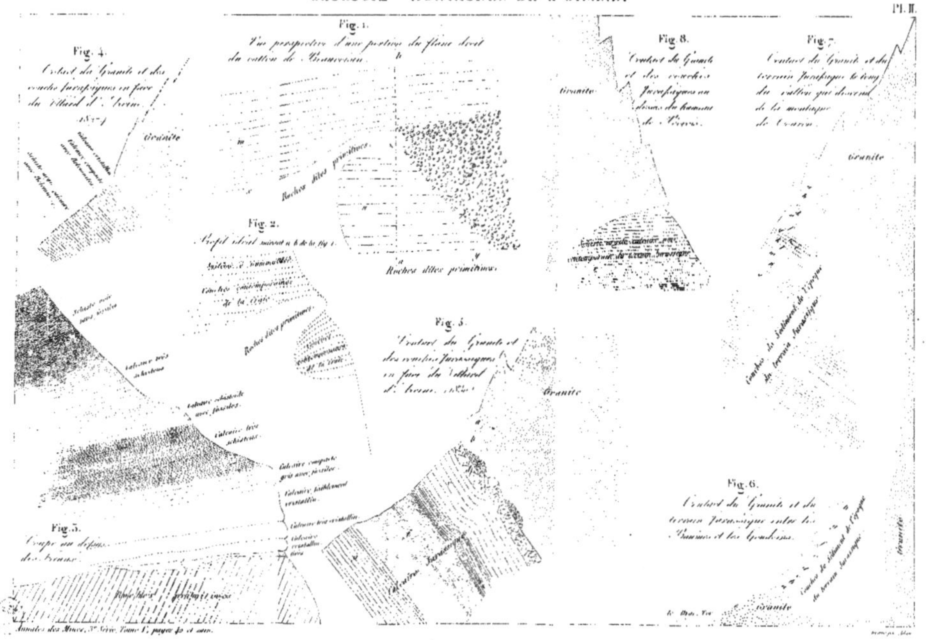

Fig. 1.

Roches dites primitives.

Roches dites primitives.

Fig. 2.

Roches dites primitives.

Fig. 3.

Granite

Fig. 4.

Granite

Fig. 5.

Fig. 6.

Granite

Granite

Fig. 7.

Granite

Fig. 8.

Granite

www.ingramcontent.com/pod-product-compliance
Lightning Source LLC
LaVergne TN
LVHW050428160826
845677LV00002BA/595

9782329696256